汽車美容

巴白山・徐慧萍・林秀娟・洪健明

嚴展堂・陳為展・陳志成・許文濃　編著

全華圖書股份有限公司

序

在民國 91 年，由本團隊寫出國內第一本汽車美容的教科書。當時坊間沒有汽車美容的書籍，相關的資料也很有限，撰寫本書最大的困難是建立汽車美容理論基礎，另外編寫每一章的內容及順序安排也發了不少時間，所幸都能一一克服，完成第一本汽車美容書籍。也因有這本書籍的誕生，才促使許多學校主動開設汽車美容選修課程。

這是一本原創性的書籍，難免有一些疏忽之處，且經過 8 年時光的洗禮，有許多新產品誕生、及新觀念有待加強。因此，本書再做一次修改，使它更具有參考價值。本書增添了第 0 章美容衛生篇；第六章芬芳的世界及第七章奈米蠟三章。尤其第 0 章美容衛生篇是本書最強調的重點，因為不管在學校或業界，美容衛生問題是目前最被忽視的一環，因此，有必要再次凸顯出此問題的重要性，讓讀者重視工作環境衛生問題。另外，第六章芬芳的世界及第七章奈米蠟是目前市面已經有的產品及新技術，增添這兩章使本書的內容更跟得上時代的腳步。

這是一本跨領域的書籍，除了作者群的努力外，幸好有許多業界及學界先進給予協助，如 3M 吳文博老闆及永和中山店的幾位汽車美容師傅提供專業美容施工流程、花仙子工程師焦玉蘭小姐提供室內除臭的方法及蔡承洲經理提供芳香劑的專業知識、本校張淑媛小姐、許貴廷、鐘國棟及林學雄博士提供化學問題的解答、羅得昌主任及金文安士官長協助拍攝實作圖片、陳逸平老師幫助繪製圖片等，在此由衷的謝謝協助我們的人，使這本書得以順利出版。

本書分成九個章節，理論與實務並重，有簡易 DIY，也有專業美容部分，供讀者參考、比較。希望讀者看過本書後，能有所收穫。本書在公餘中完成，難免有疏漏的地方，歡迎各位先進不吝指正。

作者群　謹識

(e-mail：nong88@yam.com)

編輯部序

在「系統編輯」是我們的編輯方針，我們所提供給您的，絕不只是一本書，而是關於這門學問的所有知識，它們由淺入深，循序漸進。

汽車美容看似平凡無奇，但其中卻有許多重要細節及竅門。本書使用大量照片逐步解說汽車美容施工流程，以照片代替繁瑣的文字解說，詳盡的內容介紹使讀者能清楚了解各項施工細節，易學易懂。

除了外觀打蠟、引擎室及內裝清潔保養等基本介紹之外，書中強調了美容施工時的衛生問題，使讀者了解汽車美容作業時對人體的潛在傷害，並介紹了奈米科技應用於汽車美容的原理及工法，使讀者對於汽車美容有更進一步的了解，獲益匪淺。

若您在這方面有任何問題，歡迎來函連繫，我們將竭誠爲您服務。

相關叢書介紹

書號：10152
書名：現代汽車板金學
編著：鄭正南
16K/246 頁/350 元

書號：10212
書名：汽車板金工作法
編著：蘇文欽
16K/296 頁/380 元

書號：1001201
書名：車輛塗裝技術
編著：曾文賢
16K/344 頁/450 元

書號：0576502
書名：汽車塗裝(第三版)
編著：王之政.王裕寧.張建興
20K/400 頁/450 元

書號：06083
書名：汽車未來趨勢
日譯：張海燕.陶旭瑾
20K/256 頁/300 元

書號：0258201
書名：汽車故障快速排除
(修訂版)
大陸：石 施
20K/312 頁/300 元

◎上列書價若有變動，請以
最新定價為準。

目 錄

第 0 章

美容衛生篇

- 美容衛生概論
- 衛生問題案例

如圖 0-1、0-2 所示，這些是我們生活周遭或走在街上常見到的情形。感覺上這些技工或師傅們似乎是不太重視身體的健康，也許這些工作者大部分是由師徒制教導出來的，他們對於工作環境衛生觀念的淺薄與疏忽，才養成這種不重視衛生的工作習慣。一般而言，環境危害因素(stresses)對身體的傷害不一定會立即呈現出來，人們就容易產生輕忽或怠惰的心態。然而對身體的危害正在一點一滴、日積月累的侵蝕，直到身體無法再負荷時，才知道身體的健康已經不存在了。

圖 0-1　瓷磚師傅在無防護措施下切瓷磚，無形中已吸入許多瓷磚灰

圖 0-2　這位技師在無防護措施下噴漆，不知不覺中已吸入許多有機溶劑

■ 一、美容衛生概論

汽車美容是一種專業性很高的工作，汽車美容工作者常會接觸到許多化學藥品、揮發性有機溶劑及粉塵等污染物，但是瞭解及重視美容衛生問題的人並不多，因爲這些師傅或技工只知道這一瓶可以清除柏油、那一瓶可以除去鐵屑、還有那一罐可以清除玻璃上的油污等等。技術人員只知道藥品的用途，卻不知道藥品成分及危害性，所以當您把愛車送去做美容時，看他們的施工過程，就知道衛生問題是何等的被忽視。雖然，各家美容產品製造商所使用的產品有各家的配方，美容產品也不斷的推陳出新，但是只要我們對不同藥品的特性、作用原理及危害性有基本的了解，進而建立良好的工作衛生習慣，就可以避免或消除工作場所產生的環境危害因素、維持自己的健康、增進生活品質。

空氣污染物可區分爲顆粒狀(particle)和氣體(gas)兩大形態，而這兩大類形也普遍存在汽車美容工作中，只是污染物項目有些許不同而已。顆粒狀污染物又名粉塵，其濃度以 $\mu g/m^3$ 或 ppm 來表示、顆粒大小以粒徑來區分(10μm 以下稱爲懸浮微粒)。粉塵的種類有很多，如有機類、無機類、石棉、金屬微粒(如鉛)等，其中石棉可導致肺癌；鉛會造成貧血、神經系統等問題。專家指出，6μm 以下的粉塵容易直接吸入呼吸系統內部，如氣管、支氣管、肺泡，更可怕的是這些粉塵也可能吸附一些致癌或有毒的氣體，對身體造成更大的傷害。另外，美容工作中也常會接觸到許多氣體污染物，它們大多數爲揮發性的有機物質，常溫下多以液體存在，具有很大的揮發性，例如：氮氫化合物、溶劑、脫脂清潔劑、強酸及強鹼類清潔劑等。這些氣體污染物對人體的傷害很大，最主要的影響在於破壞黏膜組織或器官(如眼睛、皮膚或呼吸系統)，所以會導致眼睛刺痛、咳嗽、氣管及支氣管發炎、氣喘、肺炎，最終形成肺癌。爲了提高讀者對汽車美容衛生的警覺性，以下針對汽車美容工作中，較可能接觸到的污染物，簡述如下：

1. 汽車蠟：蠟主要的成分爲碳氫化合物及少量的氧元素所組成，不易水解，其熔點一般均在 50℃左右。本身是一種石油化學的產物，它的分子量較大，對人體傷害較小；但是皮膚直接接觸，或打蠟時也可能吸入少量的蠟，長期而言，對人體也具有不良的影響。

2. 清潔劑：其結構是一個分子一端含有親油基(長鏈脂肪油)，和另一端親水基(鈉、鉀、銨、乙醇胺...等)，可以分散或溶解在水中的化合物之總稱。它能讓兩個分離或不同的相，彼此產生互溶的媒介物。洗車時一定會用到清潔劑，它不僅可去除車上油污，還會帶走皮膚上的油脂。手部長期接觸清潔劑會有乾燥及發緊的現象，進而損傷皮膚。

3. 強酸類與鹼類的清潔劑：此類清潔劑多以水為主要溶劑，用於清除鋼圈或鋁圈上累積的鐵屑、鋁屑等金屬氧化物。如果鋼圈或鋁圈上的溫度很高時，不要立即噴上此類清潔劑；否則，容易形成強酸或鹼蒸氣，對人體有很大的傷害，包括對眼睛和皮膚的化學性腐蝕，及鼻、咽、喉等呼吸道等的刺激，所以要特別注意加以防護。另外，此類清潔劑隨水的沖洗，若不回收易造成水資源及土壤的污染，同時破壞環境與生態平衡。

4. 脂類清潔劑：用於清除引擎上的重油污，它的特性為容易燃燒，使用時應遠離火源；在高溫環境下易形成蒸氣，增加眼睛、皮膚的接觸及吸入呼吸道，引發刺激性的反應，過量吸入會造成身體的傷害及病變。

5. 氫氟酸：又稱為蝕骨水，因其能侵蝕鈣的化合物，一般當做水泥清除劑以清除車體上的水泥。長期接觸易腐蝕骨頭，對皮膚及眼睛亦產生較大的刺激；如果直接排放易產生環境污染，使用時要特別注意防護措施。

6. 甲醇：酒精(乙醇)是最常被用來作為消毒殺菌劑，或作為汽車芳香劑中的溶劑用途，本身無毒性；但有不肖廠商會使用工業酒精代替，因含有與乙醇成分不同的甲醇(無色無味有毒，造成咳嗽、頭痛、昏眩、視神經傷害)，所以購買時還是要選擇有知名品牌的汽車芳香劑較安全。

7. 臭氧：臭氧 O_3 具有強大氧化能力，具有殺菌及除臭的功用。臭氧濃度低時，對人體無害；如果其濃度太高會對人體有不良的影響，例如人長時間暴露於臭氧量 1~2ppm 濃度會有喉嚨不適感，5~10ppm 會有頭痛、頭暈的感覺。所以於臭氧作用時，工作空間應保持通風或在有空調循環的環境。使用高濃度大型臭氧機做室內殺菌、除臭時，人員必須離開車內，以免產生臭氧 O_3 中毒。

8. 有機溶劑：包括甲醛、苯、甲苯、醇類等揮發性氣體，會刺激眼睛、皮膚、黏膜組織、呼吸道和肺等組織和器官。通常塑化製品(如座椅、椅套、腳墊、儀表板等內配飾件)在製造過程中都會加入阻燃劑、定型劑、防腐劑和膠粘劑等化學物質，而這些物質均含有揮發性較高的有機溶劑，一般揮發性有機溶劑有半年的釋放期，所以於新車期間應多打開窗戶讓異味散出，尤其開車前應該把送風量開到最大，打開窗戶沖淡異味，減少對人體之傷害較佳。

9. 一氧化碳：一氧化碳本身無色、無味、無臭的氣體，為汽機車燃燒不完全排放所致。一般人常意外中毒時而不自覺，一氧化碳和紅血球中的血紅素結合的能力是氧氣的 200 倍以上，因此吸入過多的一氧化碳可使血液無法輸送氧氣，造成缺氧窒息而死。通常在密閉車庫或空氣不流通之地下室，長時間發動車輛，容易發生引擎廢氣中毒，即為此種情形。

10. 二氧化碳：室內二氧化碳濃度超過 800ppm，人們就會感到不舒服、臉紅、疲倦、想打瞌睡或頭痛；超過一千 ppm，可能會影響呼吸、循環系統、大腦機能等狀況。故環保署將二氧化碳濃度標準訂在 1000ppm 以下。此外，因**二氧化碳**與部分空氣污染物含量成正比，一般室內**二氧化碳**濃度增加，表示環境已受污染，且**二氧化碳**有催化污染物(如**甲醛**)擴散的效果。一氧化碳及**二氧化碳**濃度不一定與汽車美容施工時有太大的相關性，但還是值得從業人員多加注意。

11. 奈米顆粒：奈米材料非常的細小，很容易在施工時進入人體與環境，對人體與環境可能會造成很大的危害，尤其施工人員必須做好防護措施。

12. 甲苯：其分子式為 C_7H_8，是一種無色帶特殊芳香味的易揮發液體。它的性質與苯很相像，目前用來替代有相當毒性的苯作為有機溶劑使用，主要應用於金屬脫脂或塑膠脫脂。甲苯對人體也有輕微的傷害。工業甲苯中經常摻有少量苯。甲苯與苯這兩種結構十分類似的化合物在毒性上卻有極大的差異。

濃度的單位：
＊$\mu g/m^3$ =10-6g/m^3
＊ppm(parts per million)：百萬分之一

一般而言，環境危害因素(stresses)進入人體的途徑有吸入、食入及皮膚接觸三種方式，不同的毒化物有不同的途徑進入人體。為了有效降低有害物質進入人體，在進行汽車美容施工時，有幾項重點必須要特別注意：第一，注意空氣的流通：空氣流通可降低危害物進入人體的機會。第二，避免在高溫

環境下使用化學藥品：高溫會讓化學藥品快速的形成蒸氣，增加與人體接觸及呼吸系統吸入的機會。第三，適當的防護措施：穿長袖的衣褲及戴活性碳口罩，它們可以幫工作者隔離揮發性有機化合物(烷、芳香烴…等)，例如口鼻吸入及皮膚接觸吸收，如圖 0-3、0-4 所示。另外要配戴護目鏡，它可以避免揮發性氣體對眼睛造成刺激或美容藥劑不慎潑濺造成眼睛的傷害，而直接接觸藥劑的雙手應戴防護性塑膠或橡膠手套，例如用酸或鹼清潔劑清洗輪胎鋁圈時，戴手套可以避免工作者皮膚及雙手受到酸或鹼的侵蝕，如圖 0-5、0-6 所示。

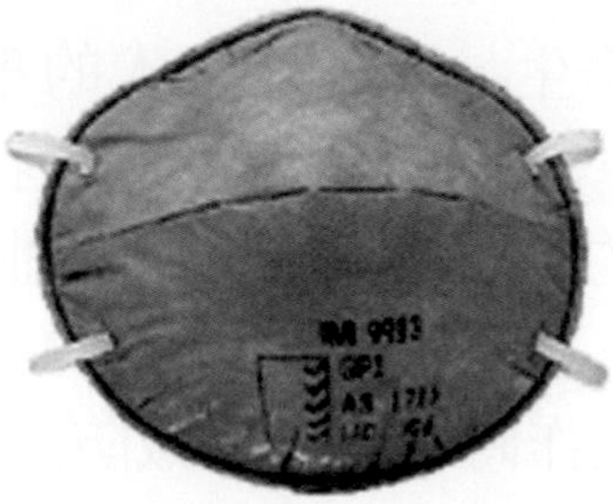

圖 0-3　杯形活性碳口罩

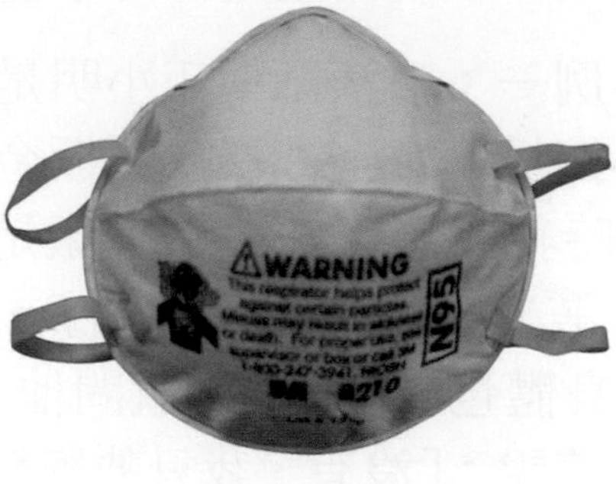

圖 0-4　N95 口罩：噴奈米蠟時，必須戴 N95 口罩才能有效的隔絕

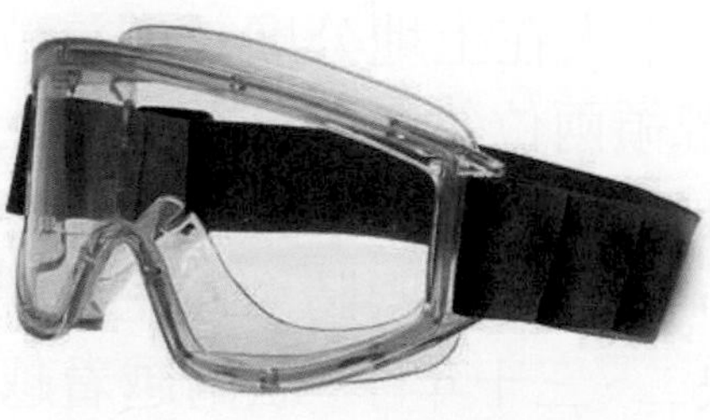

圖 0-5　安全護目鏡

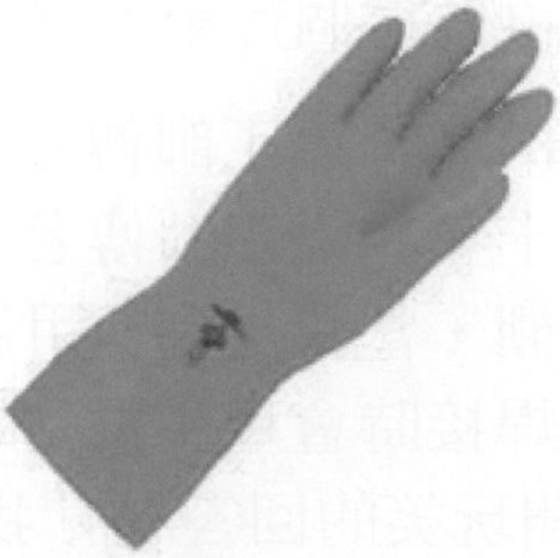

圖 0-6　防酸、鹼及有機溶劑手套

■ 二、衛生問題案例

在不衛生的工作環境下工作，對身體的傷害不一定會立即呈現出來，人們就容易產生輕忽或怠惰的心態。每次看到這些不重視工作環境衛生的景像，就有一種想趕快拿相機把它拍下來的念頭，好讓讀者有所警惕。因爲這些眞實的故事永遠在輪迴著，只是換個行業換個主角，又是另一場慢性自殺的人生劇在上演著。以下有兩則眞實的故事，提供給大家參考，再次提醒讀者重視工作環境衛生是件何等重要的事情。

案例一：噴漆師傅王小明是我在夜校教的學生。有一次本人的車子發生一點小擦撞，左前門必須做板金及烤漆的工作。王小明說他可以幫我處理車子。當時我問他：「你在修理廠是學做哪一部門的？學了幾年了？」他說：「我從國中畢業就到修車廠學噴漆，已經快五年了。」當時我看到他的臉色十分蒼白，身體也非常瘦弱，就問他：「你在做噴漆工作時，是否有戴防護面具？」小明回答說：「沒有，我只戴棉口罩，棉口罩沒多大的防護效果。」我說：「你知道戴棉口罩沒多大的防護效果，爲什麼不戴防護面罩或活性碳口罩？難怪你的臉色非常難看，如果要活得健康還是要把防護措施做好，漆中添加的有機溶劑是很毒的。」王小明說，他想再做半年就要改行了，因爲現在走路走一小段就會喘。聽了這些話之後，心裡相當不捨。王小明好不容易可以獨當一面，成爲優秀的噴漆師傅，由於不重視衛生問題，身體已無法再支撐下去，就無法再做這個行業，發揮所長，令人惋惜。

案例二：鐵工師傅老三(在家排行第三)，本人在土地公廟認識這位工作二、三十年的鐵工師傅老三，這位老三師傅帶領兩位年輕的徒弟在爲土地廟搭遮雨棚，當我見到他用氬焊在焊鋼架時，並未使用護目鏡保護眼睛，我告訴他在焊接時會產生很強的紅外線及紫外線，紫外線對眼睛會產生很大的傷害。他開玩笑的回答說：「我在這一行業做了快二、三十年了，眼睛越看越勇。」我告訴他還是要戴上護目鏡較安全。半年後，老三師傅得了嚴重的青光眼，眼睛幾乎看不到東西，無法再工作了。這個故事說明不重視工作衛生習慣，未來極可能會付出慘痛的代價。

課後習題

1. 為了降低有害物質對美容施工者的危害，有哪些事項必須特別注意？

2. 氣體污染物對汽車美容施工者之身體有何影響？

3. 請用相機或攝影機拍下您生活周遭不重視工作環境衛生的景象，以圖示說明其理由為何？

第 1 章

概論

- 汽車變髒的過程
- 汽車美容目的及功用
- 汽車美容應具備的知識
- 美容的價格
- 美容的施工流程

隨著國民所得的提高，汽車成了現代人必備的交通工具，但台灣的土地有限及都市化造成人口集中的效應下，形成家家戶戶有汽車，卻無法保證每家都有車庫之窘境。汽車如果長期暴露在室外，受到風吹日曬及雨淋，導致汽車漆面及裝備中之皮革、橡膠、塑膠等材料易受到太陽中的紫外線破壞而褪色；另一方面受到酸雨、廢油氣、黑煙(碳微粒)、塵埃、泥土、鳥糞、樹脂、瀝青...等污染物所侵蝕(如圖 1-1 所示)，在漆面上形成如同皮膚上的角質層，不但影響色澤，更會侵蝕漆面；加上不正確的洗車打蠟等錯誤的處理，使漆面產生嚴重傷痕，加速漆面老化的命運。汽車美容是一門提供美容施工者如何正確地使用材料、工具、操作步驟...等完成美容保養的專業知識，有正確的美容保養處理，才能使汽車永保如新。

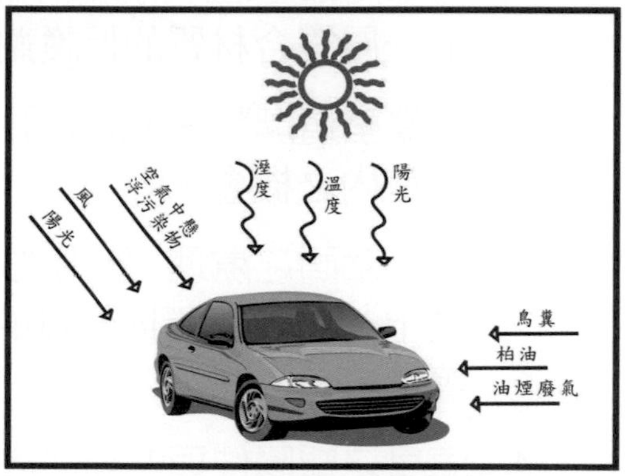

圖 1-1　車體受到嚴厲的環境考驗

■ 一、汽車變髒的過程

污染源可簡單區分爲兩種形式：一種是一般性污染源，可用水沖洗乾淨的，如泥土、粉塵、鳥糞、酸雨...等；另一種是油性污染源，必須用清潔劑才能清洗乾淨的，如汽車排放出的廢氣、黑煙、樹脂、油污、瀝青...等。這些污染源是很難避免的，因爲車子在行駛時，車身與空氣之間的摩擦而帶有靜電，靜電會吸附大氣中的粉塵；另外車子在行駛時，由於流速大、壓力小，造成周圍的油污衝向車體，因此粉塵加上油性污染物，使車體表面越來越髒。

外界污染源可由空調系統、車窗帶入車內，人員的進出帶入大量泥沙、雨傘帶入水氣加上地板周圍弄倒了飲料、掉了零食...等，容易產生異味、雜菌、發霉發臭，影響室內空氣品質，更可能導致呼吸道疾病。

二、汽車美容目的及功用

簡單的說汽車美容的目的，就是將車輛內外儘可能回復到完好狀況，其內涵包括下列幾項：

1. 汽車內部整理：清除車內塵埃、油污及異味，最後再依據內裝之材料，塗上一層符合材質的保護劑。
2. 引擎室清潔整理：清除引擎塵埃、油污，提高引擎冷卻效果，減少油煙進入室內之機會。
3. 車身漆面之處理：經由洗車打蠟徹底清除車身外表所有的污垢及刮痕，再塗上一至二層不同性質的美容蠟，使漆面較耐刮傷、耐腐蝕、不褪色等等。
4. 車身之塑膠件與金屬件之處理：徹底清潔後，再塗上一層符合材質的保護劑，形成保護膜，使髒東西不易附著。

經過這些程序處理後，其產生的功用如下：

1. 清除刮痕：細微的刮痕可經由拋光處理而去除。
2. 保護漆面及材質：讓漆面及材質的光澤、亮度、色彩呈現出來，並形成保護膜，容易清潔且髒東西不易附著。
3. 較耐腐蝕：材質受到侵蝕性污染物的附著時，要先破壞保護膜後，才能滲透進入漆面，所以處理污染物有緩衝的時間。
4. 不易褪色：因有抗紫外線的保護膜存在，較不易受太陽照射而褪色，保持原有的色澤。
5. 保持室內空氣的清新。

■ 三、汽車美容應具備的知識

汽車美容的施工技巧是很容易學習，但要達到專精的層次，必須具備許多美容相關的知識，才能達到美容的效果而且不傷害漆面。其應具備的知識如下：

1. 汽車塗裝的構造：如圖 1-2 所示，最底層是金屬層，即汽車鈑金部分；第二層是底漆，防鏽及覆蓋金屬層顏色之功能；第三層是色漆，即車身顏色漆；最外層是面漆層(金油)，使色漆明亮及耐久性的透明漆，面漆層大約二張影印紙的厚度 0.6mm，被磨損至無面漆時，色漆即失去防護，加速老化及褪色。美容的施工範圍僅就面漆層而言，如果面漆層破壞了，必須做漆面修補工作，所以施工時要謹慎。

圖 1-2　塗裝的構造

2. 瞭解材料特性：如各種類的蠟、清潔劑、保養劑的特性及面漆顏色的深淺，有無銀粉漆等。對材料性質能充分瞭解，才能選用適當的材料，而不致造成傷害，例如選用化妝品，要依各人皮膚特性，如油性、中性、乾性之區分一樣，用錯了會產生副作用。
3. 選用工具：工欲善其事，必先利其器，例如：使用高壓洗車機洗車、電動打蠟機打蠟、吸塵器吸灰塵、壓縮空氣吹乾水氣等，使用好的工具自然成果佳。
4. 施工技術：除了專業素養外，個人對施工技巧的領悟力及經驗的累積，是做好美容的一個重要關鍵。
5. 施工的衛生習慣：對環保而言，汽車美容具有某種程度污染的行業，因爲汽車美容施工時，會用到各類的化學藥品、揮發性有機溶劑及清潔劑等。如果不重視施工時的衛生習慣，長期會對身體造成很大的傷害。

四、美容的價格

汽車美容依據美容的項目、使用工具、材料及施工時間，定出不同的等級，不管業界如何區分，等級越高，價格當然就越貴，且每家所訂定的價格也不一樣。其實近幾年來汽車美容所使用的產品大致變化不大，但在市面或廣告媒體上不時可看到、聽到一些很炫的產品名稱，例如奈×蠟、×××膜、××鑽石××、水晶××、陶瓷××等，有部分產品還與研究機構扯上一點關係，其中不乏有產品只有一兩分實力，說成七八分的效果，收費當然比一般美容貴上好幾倍。遇到如此響亮的產品，千萬不要急著去嘗試，使用過此類產品的消費者，自然會透露出其眞正訊息。總之，在這個多變及一切講求行銷手法的時代裡，爲您的愛車找一家可靠、有品牌、服務好及價格公道的汽車美容店做保養是不變的原則。

五、美容的施工流程

本書是依據全車美容所採取的施工流程，亦即先：

引擎清洗及保養→車體清洗→室內美容→漆面修護及保養。

讀者瞭解每一個單元的施工方法後，可以自行調整施工流程，只要每個單元不相互影響及污染即可。

課後習題

1. 圖示說明汽車塗裝的構造。
2. 污染源可簡單區分為哪兩種形式？
3. 做好汽車美容應具備哪些知識？
4. 何謂汽車美容？其功用為何？

第 2 章 美容材料

- 清潔劑
- 黏土(瓷土)去除油漆塵、鐵粉或硬柏油
- 汽車蠟

對美容材料性質充分瞭解，是做好汽車美容工作的重要關鍵之一。能選用適當的材料，而不致造成傷害，例如選用化妝品，要依各人皮膚特性，如油性、中性、乾性之區分一樣，用錯了會產生副作用。美容材料種類非常多，本章僅就幾種材料做介紹，如清潔劑、黏土、蠟、保養劑的特性，學習者瞭解其原理之後，以達融會貫通之功效。

一、清潔劑

在我們的日常生活中，都有使用清潔劑的經驗，無論是清洗我們的身體、衣物、餐具或機械用具(汽車、家電…)等。總之，能清除污染物的物質通稱爲清潔劑。本節以汽車美容應用爲主，以下僅以清潔劑與污物之間的化學作用不同而做分類並介紹：

(一) 水

水是地球上最多的溶劑，也是最便宜的清潔劑，可沖洗一般性的污染源，如泥土、粉塵、鳥糞、酸雨…等。但汽車在道路上行駛，其排出或吸附的廢氣、黑煙、樹脂、油污、瀝青…等，這些髒污用水清洗是無法洗淨的。

(二) 界面活性劑(清潔劑)

界面活性劑就是我們常使用的清潔劑(例如：肥皀、一般洗滌劑等)。它能讓兩個分離或不同的相，彼此產生互溶的媒介物。其結構是一個分子一端含有親油基(長鏈脂肪油)，和另一端親水基(鈉、鉀、銨、乙醇胺…等)，可以分散或溶解在水中的化合物之總稱，如圖 2-1 所示。其原理是利用親油基這端把

油污抓住，親水基這端把水抓住，所以用水一沖，就把油和水一起帶走，達到清潔的效果，如圖 2-2 所示。界面活性劑可分為四大類，其介紹如下：

1. 陰離子界面活性劑：若界面活性劑的分子為可解離(解離就是中性的分子分解成為帶電的原子狀態，而帶負電的原子，稱為陰離子；帶正電的原子，稱為陽離子)，且解離後具有界面活性的一端帶有負電荷的就稱為陰離子界面活性劑，如：－COO－Na＋、－SO_3－Na＋。其清潔效果佳，也可乳化和起泡。

2. 陽離子界面活性劑：若界面活性劑的分子為可解離，且解離後具有界面活性的一端帶有正電荷的就稱為陽離子界面活性劑，如：－N＋$(CH_3)_3Cl$－。其用途在：抗靜電、殺菌、柔軟、清潔和起泡。

3. 非離子界面活性劑：若界面活性劑的分子為不解離，而具有界面活性劑的整個分子都不帶電荷，則為非離子界面活性劑，如：－$O(CH_3CH_2O)n$－H。其清潔效果差但易起泡，用途為乳化、分散及溶化。

4. 兩性離子界面活性劑：若界面活性劑在同一分子中，具有解離成陰離子的酸根存在，也同時具有解離成陽離子的胺根存在，隨溶液的 pH 值而變化，在酸性時呈陽離子性；在鹼性時呈陰離子性，就稱為兩性離子界面活性劑，如：－N＋$(CH_3)_2CH_2COO$－。此界面活性劑通常較其他界面活性劑溫和，可降低陰離子界面活性劑的刺激性，用途為溫和的洗劑用品。

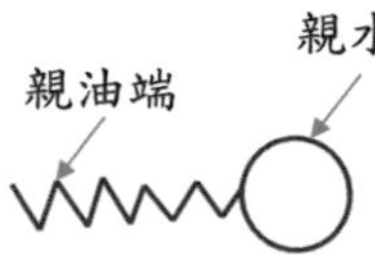

圖 2-1　界面活性劑分子的示意圖

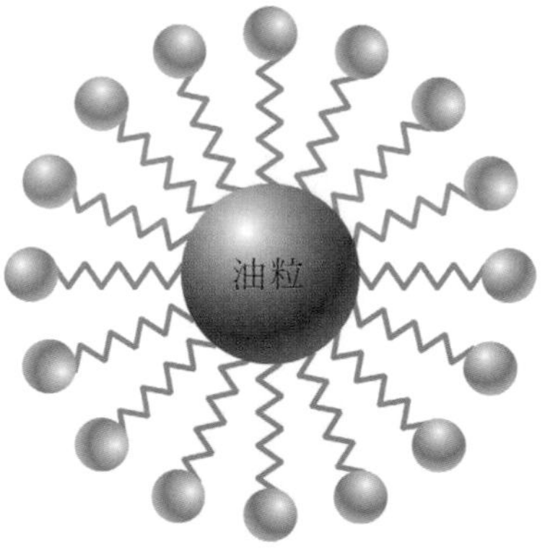

圖 2-2　油粒被界面活性劑分子團團圍住

(三) 脫脂清潔劑

清洗引擎的清潔劑常用脫脂型的清潔劑，其主要成分為含長碳鏈較多的烴類(有機化合物)，如：烷類(丙烷、異丁烷…)、脂類(醋酸甲脂…)、煤油、芳香烴(二甲苯、乙基苯…)、石油分餾物、醇醚胺等，其作用原理為「同類互溶」，也就是同屬於有機類的油污須靠石油化學工業分餾出來的油品或合成品來溶解。引擎上的油污多屬於重油污，必須要用含碳數較多的「長碳鏈」液態石臘烴，才能有效的去除油污(類似重病要下猛藥的概念)。此類清潔劑的特性為容易燃燒，使用時應遠離火源或火花，避免眼睛、皮膚的接觸以及呼吸道的蒸氣吸入，恐將引起刺激性的反應，長期過量吸入會造成身體的傷害及病變。

(四) 強酸、強鹼類清潔劑

此類清潔劑常用於鋼圈或鋁圈的清洗，因為輪圈上易累積污泥、鐵屑、鋁屑等金屬氧化物。強酸及強鹼類清潔劑，皆以水為主要溶劑，內含多種界面活性劑，其介紹如下：

1. 強酸類清潔劑：其作用原理為金屬氧化物可溶於酸中，如氧化鐵和氧化鋁等；而黏於鋼圈上污泥(黏土)，可用氟化銨或氫氟酸溶解它們，其作用原理如同半導體工業使用氫氟酸來蝕刻矽晶圓。酸性類成分有磷酸、氫氟酸、氟化銨、酸式氟化銨、乙醇酸、草酸、葡萄糖酸、檸檬酸、1,2,3-丙三甲酸、異丙醇、矽酸、偏矽酸、偏矽酸鈉等。
2. 強鹼類清潔劑：其作用原理為金屬氧化物可溶於鹼中，如氧化鋁和氧化鐵等，因此鹼性水溶液可清洗鋼圈或鋁圈表面，達到清潔效果。同時在高溫的條件下(70~80℃左右)，油脂會與鹼性的溶液產生皀化反應，所以利用鹼性水溶液進行鹼洗清潔。鹼性類成分有氫氧化鈉或氫氧化鉀、乙醇胺、液態石油氣、(醇)醚類、偏矽酸鈉等。

使用酸或鹼清潔劑應注意眼睛和皮膚等的化學腐蝕，若吸入此類氣體也會對鼻、喉等呼吸道器官造成刺激，所以要特別注意衛生防護的問題(戴手套、口罩及防護眼鏡)。

二、黏土(瓷土)去除油漆塵、鐵粉或硬柏油

剛洗車後，仍有一些洗不掉的污點沾在車身，用手觸摸可感覺粗糙顆粒物存在，那麼很可能是油漆塵、鐵粉或硬柏油等污染物，尤其鐵粉受熱會扎進漆面，使車子生鏽。要去除這些污染物，可要借重黏土(瓷土)了，以黏土吸入黏著作用，將顆粒污點黏起而不傷害到漆面。黏土使用流程如後：利用洗車後之餘濕或用清水噴濕漆面(潤滑作用)(如圖 2-3)→預先將黏土擠壓搓揉變軟，壓平成手掌大小，以交叉或打圓方式研磨漆面，以去除顆粒污點(如圖 2-4)→黏土髒了，把它對折將污染物包在內部，再壓平成手掌大小，繼續研磨漆面(如圖 2-5)→一面研磨，一面用手感覺粗糙附著物是否去除，直到顆粒完成清除爲止(如圖 2-6)。

圖 2-3　step1 清水噴濕漆面(潤滑)

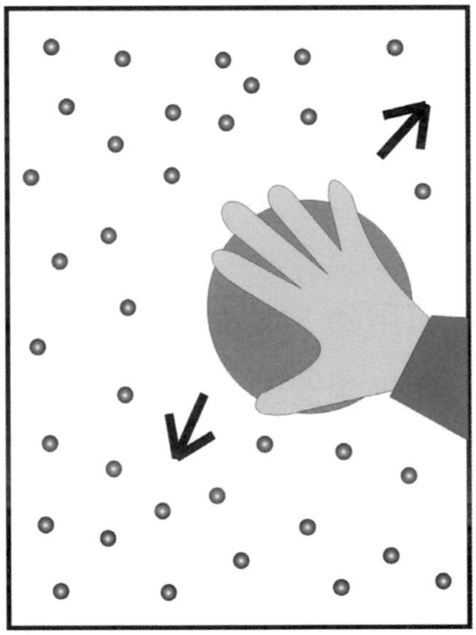

圖 2-4　step2 交叉或打圓方式推磨漆面

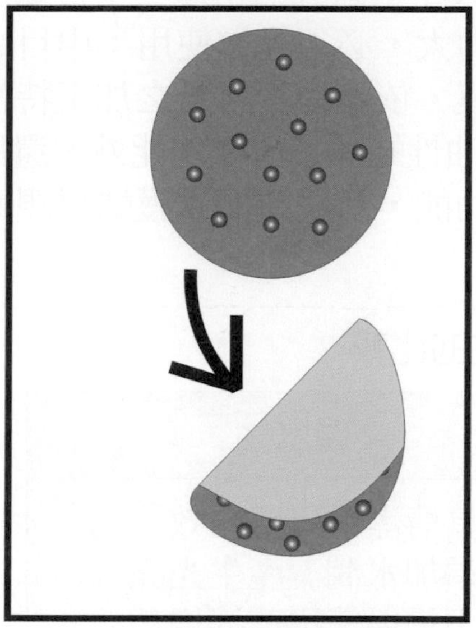

圖 2-5　step3 對折將污染物包在內部

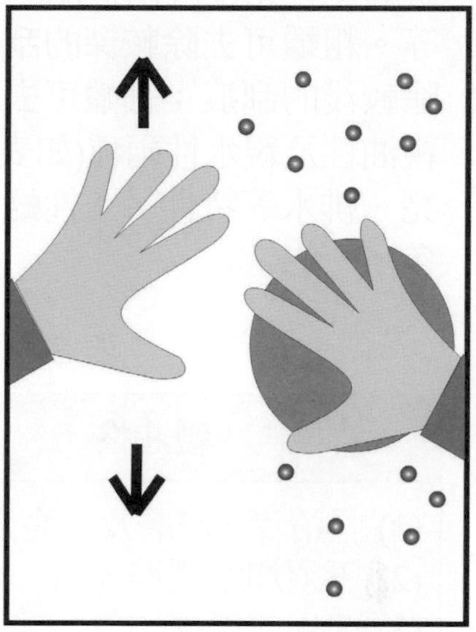

圖 2-6　step4 一面研磨，一面用手感覺，直到顆粒完成清除為止

三、汽車蠟

(一) 蠟的特性

蠟(waxes)有天然蠟及合成蠟兩種，汽車上大部分使用合成蠟。蠟主要的成分爲碳氫化合物及少量的氧元素所組成，其顏色皆爲白色或黃色半透明之固體，不易水解，其熔點一般均在 50℃左右，而純蠟具有清潔、潤滑、疏水及披覆之功用。

(二) 蠟的種類

汽車蠟的種類及名稱五花八門，不同的品牌有不同的產品名稱。原則上，蠟可簡單區分爲修護蠟、保養蠟及綜合蠟三種形式，其性質敘述如下：

1. 修護蠟：主要是蠟中加入研磨劑如氧化鋁、碳化矽、石榴石……等(用手指搓可感覺有顆粒存在，或打蠟時，可使漆面亮度降低，表示蠟中含有研磨劑)，依研磨劑的顆粒及切削力的大小，區分為粗蠟、中目蠟及細蠟等。粗蠟可去除較深的刮痕，其切削力大，必須謹慎使用；中目蠟可去除較淺的刮痕；細蠟可去除細微的傷痕。依漆面修護蠟之加工特性區分親油性及親水性兩種(如表 2-1 所示)。油性蠟除了清潔功能外，還具有光亮、排水等特性，水性蠟只具有清潔功能，一般漆面修護蠟以親水性居多。

表 2-1　油性與水性的比較

親油性	親水性
(1) 具清潔、研磨及光亮之功效 (2) 不須加水潤濕表面 (3) 使用前須搖均勻 (4) 不含矽成分	(1) 具清潔、研磨功效 (2) 須加水潤濕產生光亮 (3) 不需要使用前搖均勻 (4) 不含矽成分

2. 保養蠟：主要成分是蠟中加入矽 silicon(具撥水效果)、石油類溶劑及一些特殊保養劑，保養蠟能均勻滲入漆面任何空隙及毛細孔中，使亮麗的面漆上多一層持久的保護膜，以隔絕紫外線、油煙、灰塵及其他雜質，保持漆面的光澤、亮麗及持久性。美容蠟屬於油性蠟，可增加漆面的亮度及排水性，依其主要成分區分下列幾種形式：

(1) 樹脂蠟：設計與塗料相近的成分，便於與漆的表面相結合，附著力更強。

(2) 釉蠟：一種假象專業汽車美容的形容詞，類似高溫的烘烤瓷釉亮度，抗候性強，遇水不易分解(專業美容保養)。

(3) 鐵氟龍：設計與塗料相近的聚合物分子成分，抗候性佳，揮發性慢的聚合物成分，需用較高溫強制乾燥，為一種含毒的化學物質，已被美國環保單位列入禁止使用(屬於專業美容保養)。

(4) 矽晶蠟(wax)：用途廣泛，一種透明體的化學分子，被用於漆面上時，具有撥水分離作用，與陽光接觸時即開始散發並漸漸消失。滲透力

貼心秘方

修護蠟不能含矽(silicon)成份，因矽滲透力強，易滲入金屬層，破壞金屬而生銹。

強，容易滲入金屬底層，引導漆面上的水和雜質進入，破壞金屬而生鏽。

(5) 棕櫚蠟：是一種天然蠟，主要成份爲巴西棕櫚樹油提煉(口紅成分)而成，持久性強、防水性佳、耐酸雨、用量省，可用於長期保養，不過其去污力不太夠。

(6) 油脂蠟：主要成分爲動物油，易於打蠟，但持久性差、易附灰塵、油污。

(7) 奈米蠟：其成分與一般蠟相近，只是蠟的粒徑小到 100 奈米左右。奈米蠟比一般蠟具有更好的疏水及自潔特性。(請參考第六章奈米美容篇)

貼心秘方

上述的美容蠟其成份均含矽(silicon)配方，矽具撥水效果，廠家的設計只是含量的多寡與施工的操作簡易與否。

3. 綜合蠟：主要成分爲蠟、矽 silicon(具撥水效果)、細研磨劑、石油類溶劑及一些特殊保養劑。是將修護蠟及美容蠟結合在一起，形成具有清潔、抛光、顯色上臘及保護一次完成。綜合蠟的名稱非常多，如常聽到的三合一或四合一美容蠟、快速保養蠟等，使用者在選用前必須先了解漆面狀況，配合產品成分說明，才能達到使用成效。

(三) 汽車蠟的形式

一般使用的汽車蠟形式可分成四種，氣態蠟、液態蠟、半固態蠟(乳狀蠟)及固態蠟。其中固體蠟的光澤、耐久性、撥水性最好，半固態蠟居次，液態及氣態蠟最差。它們主要的特性說明如下：

1. 氣態蠟：又稱爲噴蠟，其主要成分是蠟及甲烷或乙烷，甲、乙烷可以溶解蠟，同時擔任高壓氣體，把蠟噴出被覆在漆面上，使用最方便。唯一要注意是使用時的衛生防護問題。

2. 液態蠟：這種蠟使用的便利性佳，所以一般的電動洗車和手工洗車廠最常使用，缺點是污垢比較不容易去除，而且效果不持久，由於這種蠟附著面比較薄，所以較不能抵抗雨水。加入研磨劑的液態蠟雖然可以去除白色車表面的水垢，但也無法持久。而且上過幾次後，面漆會變得較薄，必須特別注意。

3. 半固態蠟(乳狀蠟)：通常含有研磨劑的半固態蠟容易上，也有去污的作用，效果較液態蠟佳。

4. 固態蠟：固體蠟在市面上最爲常見，是以純蠟爲原料，所以能夠在車身上形成一種堅強的保護膜，持久性最佳。固體蠟的便利性最差，去除污垢的能力較含研磨劑的蠟稍差。選擇固體蠟時，可依自己的車色選擇深色車專用蠟，或是淺色車用蠟，可千萬不要選錯喔，否則愛車反而無法達成亮麗的效果；另外，一般汽車的烤漆除了純白、紅、黃、黑(素色系列)之外，多半爲銀粉漆車色(金油層系列)，因此，若你的車是淺色銀粉漆，可使用銀粉漆的專用蠟；若車色是深色銀粉漆，那最好使用一般深色車用蠟，才較能將深色車的亮度凸顯出來。

(四) 蠟品設計

蠟品設計基本功能相近，但唯獨抗濕氣是兩者間最大不同之處，可區分爲下列兩種型式：

1. 海島型設計蠟品：抗候性佳，如抗鹽、潮濕、酸雨、灰沙、紫外線……。
2. 大陸型設計蠟品：抗候性佳，如抗乾燥、灰沙、紫外線……。

(五) 蠟品的選擇

汽車蠟的種類五花八門，各自強調擁有不同功能特色，以下幾點可供參考：

1. 選擇知名的產品：正廠或知名的美容業者所製造的產品，其品質較有保障，同時也能提供正確的施工程序。
2. 產品標示清楚：正廠、名牌產品都會明確標示使用範圍。適用於現代漆的蠟一般會有“適用於透明漆”、“適用於所有車漆”等說明。

貼心秘方

目前世界各大塗料製造廠都致力於研發奈米塗料，塗料如果可以做到奈米級，漆面就不容易變髒，即使漆面沾上髒污，用水一沖就清潔溜溜。

3. 當場試驗：如果沒有說明，可當場做個試驗。用手沾一點蠟，在兩手之間輕輕揉搓，有小顆粒狀的物質存在，是屬於修護蠟；如果沒有感覺到有任何小顆粒狀物質存在，是屬於美容保養蠟。

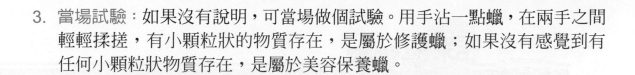

課後習題

1. 蠟的種類可區分為哪三種？其主要成分為何？

2. 汽車蠟可區分為哪四種的形式？

3. 圖示說明黏土的使用流程。

4. 說明清潔劑(界面活性劑)清潔之原理。

第 3 章 美容工具

- 高壓洗車機之介紹
- 電動打蠟機
- 吸塵器與清潔軟膠

「工欲善其事，必先利其器」，好的工具可以提高美容效果、節省時間及體力，例如使用高壓洗車機洗車、電動打蠟機打蠟、吸塵器吸灰塵、壓縮空氣吹乾水氣等，以下就針對這幾項工具加以說明。

一、高壓洗車機之介紹(參考圖 3-1)

水龍頭輸出水壓約 $2\sim4\text{kg/cm}^2$，必須配合人工手洗才可除去一般的骯髒物；高壓洗車機輸出水壓約 100kg/cm^2 以上，因此大部分的頑垢如車上的小蟲屍體、鳥糞、黏著在懸吊系統或底盤下側、輪胎及輪弧內側的泥垢，都可以輕易去除。一般而言，人工手洗一部車的用水量，可讓使用高壓洗車機約洗十部車。使用高壓洗車機洗車具有節省時間、體力及用水量等優點；唯一要注意的是高壓水柱不可用手或身體部位碰觸，以免造成傷害。

圖 3-1　高壓洗車機

圖 3-2　柱狀水柱

一般洗車機之噴水頭水柱形狀可調整為柱狀及扇狀兩種(圖 3-2、3-3)。柱狀水柱水壓最強，可用來清洗懸吊系統、底盤下側、輪胎及輪弧內側的泥土及頑垢；而扇狀水柱水壓較弱，清洗的面積較大，可用來清洗鈑金漆面、保險桿及各零件接合細縫等部位。學習者了解噴水頭形狀及特性後，可配合車體的部位而調整水柱形狀、寬度及角度，以減少水花之飛賤及達到洗淨之效果。以下兩點是使用扇狀水柱清洗車門框時，減少水花飛賤的方法：

1. 扇狀水柱取的寬度要與門框之小面積寬度一致(圖 3-4)。
2. 扇狀水柱面的移動，要與門框曲面相平行(圖 3-5、3-6)。

圖 3-3　扇狀水柱

圖 3-4　扇狀水柱取的寬度與門框寬度一致

圖 3-5　扇狀水柱面的移動，與門框曲面相平行

圖 3-6　扇狀水柱面的移動，與車門曲面相平行，且噴水頭保持朝向地面

二、電動打蠟機(圖 3-7)

使用電動打蠟機之前，必須充分了解其操作特性、轉速設定及材質選用，才不會對漆面造成傷害。打蠟施工時應注意的事項如下：

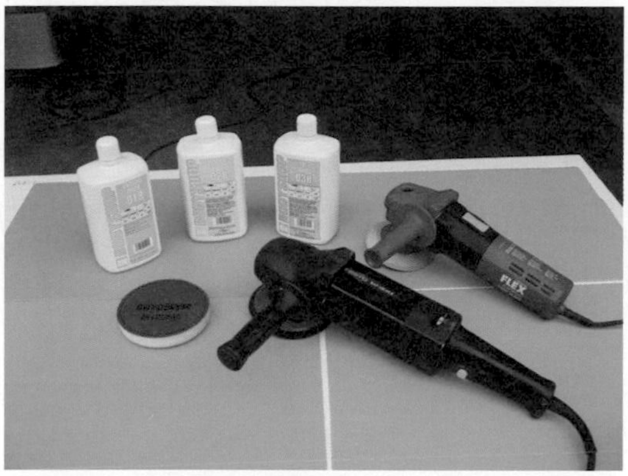

圖 3-7　電動打蠟機、海綿輪、蠟

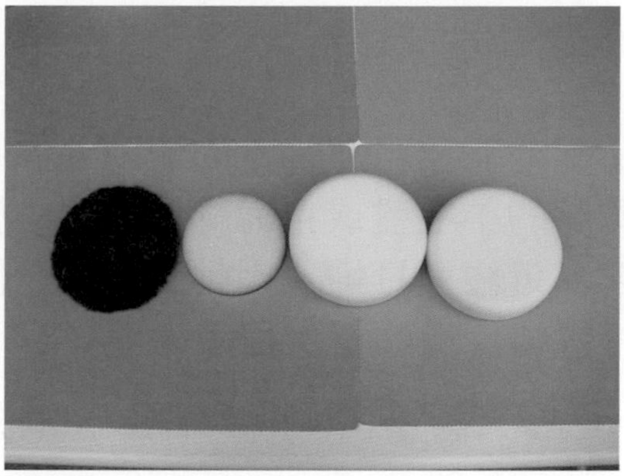

圖 3-8　羊毛輪，粗、中、細海綿輪

(一) 施工的場所

打蠟應在室內實施。在陽光下打蠟，易造成蠟立即乾涸；陰雨天氣也不適合打蠟，易受水氣影響。

(二) 打蠟機的轉速設定要適當

如下表所示：

材質及特性／打蠟種類	rpm (每分鐘轉速)	拋光材質 (圖 3-8)	切削力
粗蠟	1800~2000	羊毛輪	最大
中蠟	1800~2000	硬海綿輪	適中
細蠟	1800~2200	中硬海綿輪	最小
美容蠟	2000~2800	細軟海綿輪	無

轉速高，切削速度快，操作技巧必須要很好，否則會加速對漆面造成傷害。轉速太高，離心力大，易造成蠟的飛揚，浪費材料；另外易造成溫度上升，蠟立即乾涸等缺點。

貼心秘方

1. 塑膠材料，如保險桿表面打蠟約 900rpm 左右。
2. 木質材料表面打蠟約 600rpm 左右。

(三) 打蠟機的操作

羊毛盤及粗海綿輪的切削力大，必先將它貼在漆面上才可啓動打蠟機，使轉動的羊毛盤或粗海綿輪平順的施工。如果先啓動打蠟機，再讓轉動的羊毛盤靠近漆面打蠟，因轉動的拋光輪衝擊力太大，易造成漆面嚴重受損。使用打蠟機打蠟的操作程序如下：

1. 填蠟：把蠟倒入海綿輪中(圖 3-9)。
2. 均勻劃開蠟：海綿輪貼在漆面，左右及向下移動打蠟機將蠟均勻塗在漆面上(圖 3-10)。
3. 啓動打蠟機打蠟：海綿輪貼在漆面上，啓動打蠟機開始打蠟，打蠟時要不斷左右與十字交互移動(圖 3-11)，否則易造成鈑金發熱，蠟乾涸及漆面受損等問題(若蠟乾涸時，可噴一點水，再進行打蠟工作)。

圖 3-9　填蠟

圖 3-10　均勻劃開蠟

圖 3-11　啟動打蠟機打蠟

(四) 施工的範圍

每次施工的範圍不能太大，否則會造成部分區域蠟乾涸之困擾。一次施工一個小區域，在小區域內先把蠟打塗均勻，然後再細部打亮小區域之漆面，逐步一個接一個區域施工。

三、吸塵器與清潔軟膠

吸塵器是清除車內灰塵、砂粒、小碎屑的最佳利器，如果再配合一些工具及小技巧，例如用棍子輕打，使黏在座位上的灰塵彈出，再用吸塵器吸除；清除通風口時，把風量開至最大，一邊用毛刷刷，一邊用吸塵器吸其效果更好(如圖 3-12)。吸塵器有下列三種：

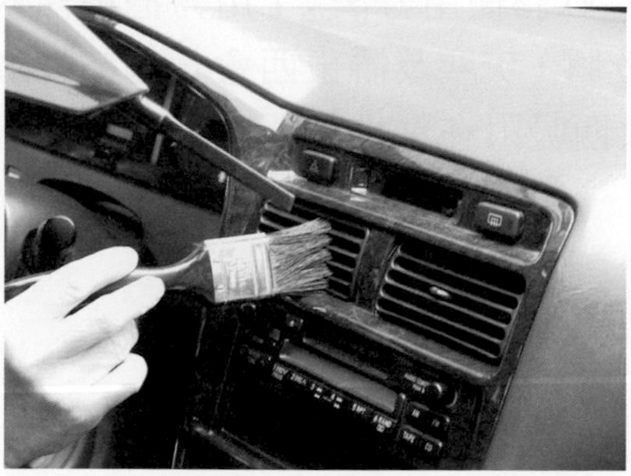

圖 3-12　一邊用毛刷刷，一邊用吸塵器吸，效果佳

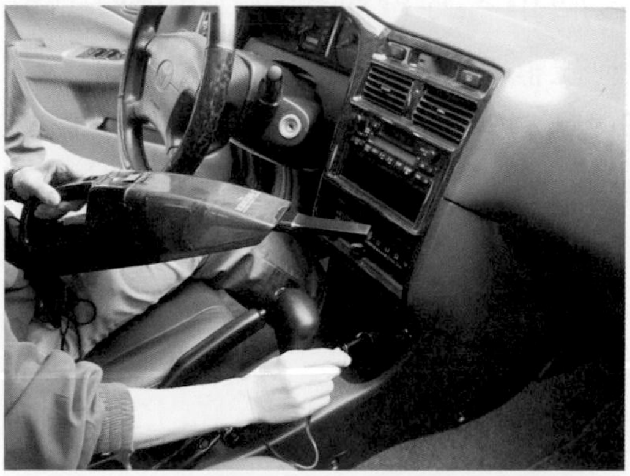

圖 3-13　簡便型吸塵器，直接插在點煙器上，輕巧方便

1. 簡便型吸塵器(如圖 3-13)，直接插在點煙器上，十分輕巧方便。
2. 家庭用吸塵器(如圖 3-14)，吸力強、效果佳。
3. 工業用吸塵器(如圖 3-15)，除了吸力強、效果佳外，有些還具備吹氣功能。

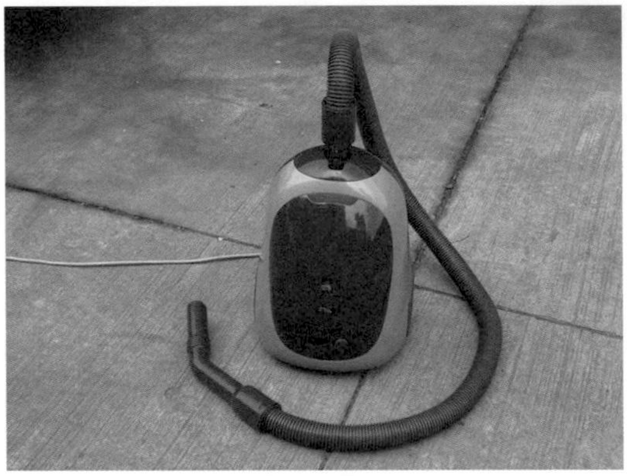

圖 3-14　家庭用吸塵器，吸力強效果佳

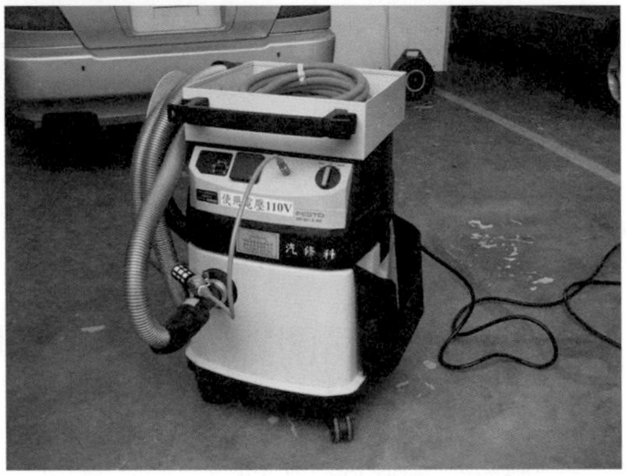

圖 3-15　工業用吸塵器，除了吸力強外，有的還具備吹氣功能

一般很難用吸塵器及毛刷完全清除乾淨之處，例如汽車內裝有些凹凸表面和小縫隙的灰塵、毛髮及碎屑等，這時候此種清潔軟膠就可派上用場，它含有酒精、芳香劑等成分的綠色商品。清潔軟膠使用方法：1.用力把粘性軟膠按壓在髒東西表面上。2.再慢慢拉回粘性軟膠，灰塵及髒東西會一起被吸附在軟膠材料上，如圖 3-16 所示。灰塵及髒東西吸附在粘性軟膠上後，會被清潔軟膠慢慢的分解，同時可達到清潔、殺菌、消除異味及芳香的功效。

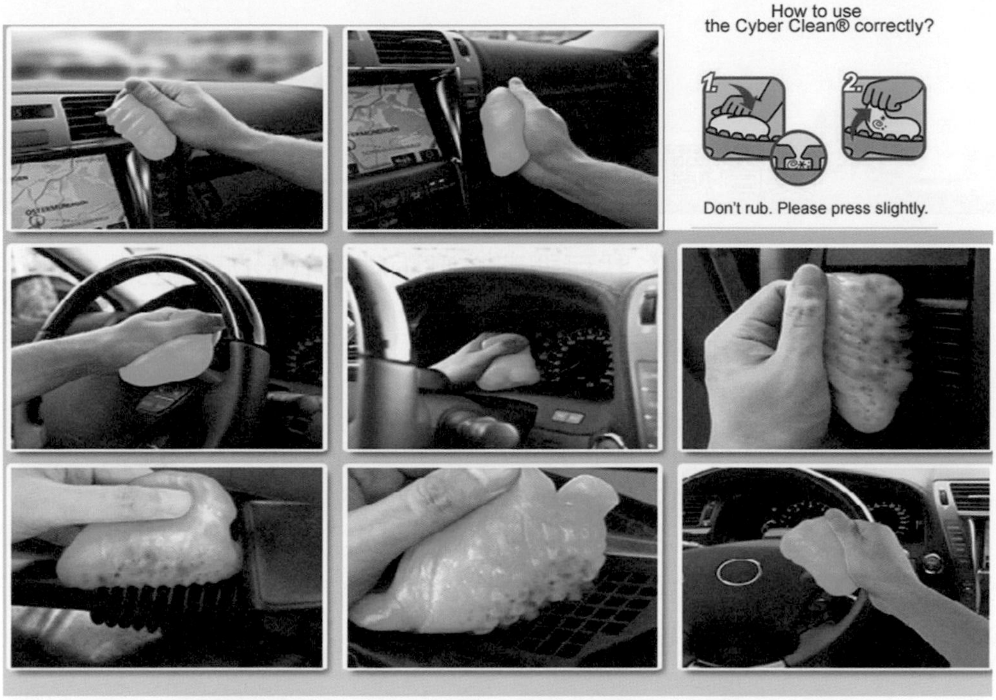

圖 3-16　汽車專用的清潔軟膠可耐高溫，使用時一壓一拉，清潔效果看得見
(觀看動畫影片網址 http://www.cyberclean.com.tw)

課後習題

1. 洗車機之噴水頭水柱形狀可調整為哪兩種形式及如何應用？
2. 打蠟機的轉速如何設定及拋光材質如何選用？
3. 打蠟機打蠟的操作程序為何？
4. 車用吸塵器有哪三種及其特色為何？

第 4 章
美容步驟

- 引擎清洗
- 車體清潔
- 室內美容
- 漆面修護及保養
- 3M 汽車漆面處理

本書是依據全車美容所採取的施工流程，亦即先做引擎清洗及保養→車體清洗→室內美容→漆面修護及保養。讀者瞭解每一個單元的施工方法後，可以自行調整施工流程，只要不相互影響及污染即可。針對每個單元的施工方法，敘述如後。

一、引擎清洗

引擎室爲了有良好的通風及冷卻效果，並沒有與外界完全隔絕，因此外界的泥沙、水分及油污即成爲引擎室最大的污染來源；最常見的污染是墊片漏油，另外在添加(如：煞車油、機油、水箱精、動力轉向油、齒輪油…等)及使用過程也可能洩出，造成污染。如長期未清除，將使水分、灰塵、油污進入引擎體及油路中(如煞車油路)，導致引擎加速摩損、煞車力降低、電路元件短路損壞、引擎冷卻效果變差、室內經常聞到一股濃的油煙味、嚴重還可釀成火燒車……等缺點。

引擎室的污染以油性污染物爲主，可以用汽油類的有機溶劑如柴油或煤油(早期使用)，或用酸性、鹼性清潔劑來處理，一般坊間可買到高濃度的引擎室清洗劑。清洗工作可由美容專業人員或車主 DIY 來實施，在施工時，有幾項重點必須注意：

第一：引擎室有許多電子零件是不能碰到水的，必須用保鮮膜或錫箔紙等做隔離，如能先包上保鮮膜再包錫箔紙，其效果更佳。

第二：必須在冷引擎及熄火狀態下執行，因爲引擎在熱的時候，噴上去的清洗劑易立即蒸發，浪費清洗劑，對人體有害或造成危險；另一方面是對熱引擎噴水，易產生外冷內熱效應，造成電子元件內部及火星塞凝結水滴，引起嚴重的電路短路現象，甚至引擎無法起動等問題。

第三：使用引擎室清洗劑時，必須保持通風良好並戴上防護手套，以免對施工者造成傷害。

(一) 使用工具

水管或清洗機、長柄毛刷子(毛刷不怕清潔劑侵蝕且細微的部分均可清潔乾淨)、吹氣槍。

(二) 使用材料

塑膠手套、防水保鮮膜、錫箔紙、引擎室清潔劑、塑膠及橡膠光澤劑(圖 4-1)。

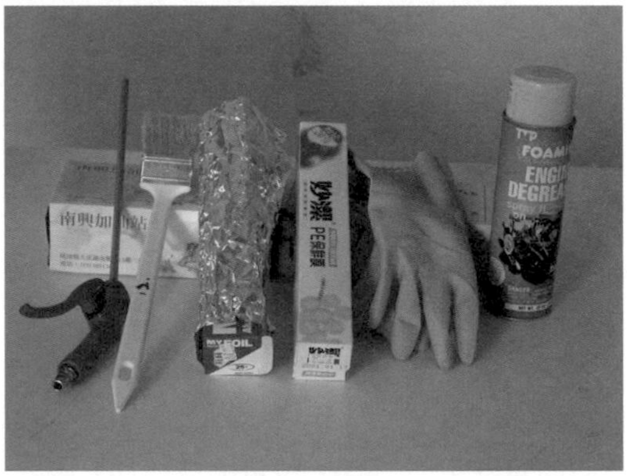

圖 4-1　引擎室清洗之工具及材料

(三) 操作步驟

1. 隔離電子零件(圖 4-2a、b)

(1) 將分電盤、電瓶加水蓋及樁頭、保險絲盒用保鮮膜或錫箔紙包裹好。

(2) 拆掉防盜器喇叭或用保潔膜包裹好。

圖 4-2a　錫箔紙包裹發火線圈

圖 4-2b　錫箔紙包裹樁頭

2. 檢查所有的蓋子(圖 4-3a、b)

將引擎室所有的蓋子蓋好，如機油蓋、煞車油蓋、動力轉向油蓋……。

圖 4-3a　檢查機油蓋

圖 4-3b　檢查煞車油蓋

3. 清水沖洗(去除灰塵) (圖 4-4a、b)

(1) 由下往上沖洗(以免水滴濺在身上)，先沖洗引擎室及四周的鈑金部分。
(2) 沖洗引擎蓋。

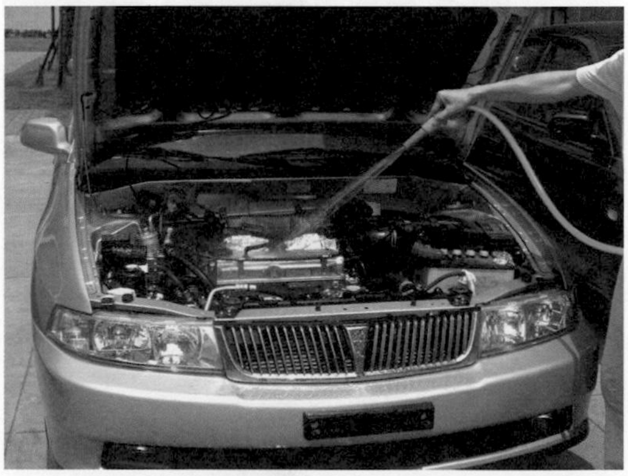

圖 4-4a　先沖洗引擎室及四周的鈑金部分

圖 4-4b　沖洗引擎蓋下方

4. 噴引擎清潔劑(圖 4-5a~e)

(1) 戴上塑膠手套，由下往上噴，先噴灑清潔劑於引擎室全部零件上。
(2) 噴灑清潔劑引擎蓋上。

圖 4-5a　引擎上噴清潔劑

圖 4-5b　噴灑在引擎室全部零件上

圖 4-5c　噴灑在引擎室全部零件上

圖 4-5d　噴灑在引擎蓋下方

圖 4-5e　靜置幾分鐘，讓清潔劑分解鬆軟油垢

5. 刷子刷除污垢(圖 4-6a~d)

(1) 靜置幾分鐘，讓清潔劑分解鬆軟油垢，再用長柄毛刷子刷除污垢。由上往下刷(以免清潔劑滴在身上)，先刷除引擎蓋下面的污垢。
(2) 刷除引擎室全部零件的污垢。

圖 4-6a　刷除引擎蓋下方的污垢

圖 4-6b　刷除引擎零件的污垢

圖 4-6c　刷除鈑金四周的污垢

圖 4-6d　刷除鈑金四周的污垢

6. 清水洗淨(圖 4-7a~d)

(1) 清潔劑於未乾之前，開始用高壓清水沖洗(水壓不可太高以免沖壞元件)。由下往上沖洗，先沖洗引擎室各個零件及縫隙，且不要直接沖洗保險絲盒及火星塞。
(2) 沖洗引擎蓋下方，沖洗至無泡沫為止。

圖 4-7a　沖洗引擎

圖 4-7b　沖洗引擎室各個零件及縫隙

圖 4-7c　沖洗引擎蓋

圖 4-7d　沖洗引擎室各個零件及縫隙，沖洗至無泡沫為止

7. 吹氣槍吹掉積水(圖 4-8a~e)

(1) 沖洗後用吹氣槍吹掉積水的地方，由上往下吹、先吹除引擎蓋下方的水分。

(2) 吹除引擎室全部零件的水分，尤其保險絲盒、火星塞、分電盤及防盜器喇叭的水分，必須徹底清除。

圖 4-8a　吹除引擎蓋下方的水分

圖 4-8b　吹除引擎上的水分

圖 4-8c　吹除引擎室全部零件的水分

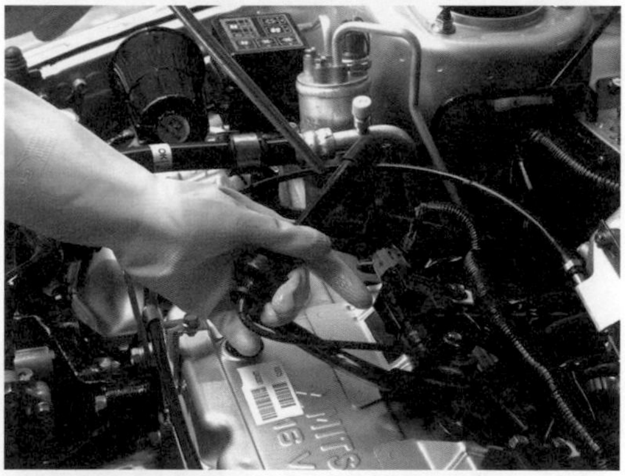

圖 4-8d　吹除發火線圈及火星塞上的水分

圖 4-8e　吹除火星塞上的水分

8. 噴保護劑(圖 4-9a、b、c)

在引擎室內部的零件上，噴灑一層塑膠及橡膠光澤保護劑(水性)，防止電線老化，使電線光亮美觀，形成保護膜，具防塵、防水及散熱功能。

圖 4-9a 噴灑一層塑膠及橡膠光澤保護劑於引擎室內部的零件上

圖 4-9b 噴灑一層塑膠及橡膠光澤保護劑於引擎室內部的零件上

圖 4-9c 保護劑水分散發後，呈現出光亮如新的引擎室

二、車體清潔

車輛在正常行駛時，會受到酸雨、廢油氣、黑煙(碳微粒)、塵埃、泥土、鳥糞、瀝青…等所污染，漆面變髒是無法避免的，而污染物長時間覆蓋在漆面上，它與空氣中的水分發生酸化作用，會腐蝕漆層，導致漆面剝落的嚴重

後果。車子是否清潔給人的感受差異很大，車主必須一星期或兩星期內要清洗一次愛車，使髒東西徹底清除，才不會影響車身美觀，達到保護漆面，也可藉此活動一下筋骨。

(一) 電腦洗車與人工洗車

洗車的方式可分爲人工洗車及電腦洗車兩種，而人工洗車又可細分爲簡易人工洗車(DIY)及專業人工洗車兩種。無論何種洗車的方式，其目的是把車身上的灰塵及污垢徹底清除，使車子有個乾淨的外表。針對這兩種洗車方式，分別簡述如下：

1. 電腦洗車：加油站附設電腦洗車如雨後春筍般出現在我們的生活周遭，提供一種另類的洗車選擇。其洗車的流程爲：沖水→噴泡清潔劑→進隧道滾輪(或用水刀)刷洗→噴水蠟→強風吹乾，其優點是方便、省時、省力；然而美中不足尙有一些缺點存在如下：

   (1) 洗車機之清洗滾輪，以布或綿等軟質材料最佳；若使用硬質毛刷或塑膠刷等材料，易刮傷漆面、折斷保險桿上的旗桿等缺點。

   (2) 無法清除許多死角，如車輪弧及凹緣、後視鏡邊緣及許多零件的小縫隙，均無法清除乾淨。

   (3) 洗車過程中，全車噴上一層水蠟，擋風玻璃也不例外。在晴天時，不會有任何影響；然而在雨天時，玻璃上的蠟遇上水會造成模糊現象，無法用雨刷刷除而影響視線，也會使雨刷刮雨時產生乾澀現象，造成雨刷跳動及摩擦的聲響。

2. 人工洗車：人工洗車是公認最不傷害漆面的洗車方式，可以把各個死角清洗乾淨，如果能再配合高壓洗車機洗車，將可達事半功倍之效果。同時有越來越多的上班族或家庭把洗車當作一種別具一格的健身運動，可活動筋骨、增進情誼、讓車子有個清新亮麗的外表，一舉數得。一般洗車均先用大量清水沖洗泥土、粉塵、鳥糞、酸雨…等一般性污染物；再用清潔劑清除黑煙、樹汁、油污、瀝青…等油性污染物(一般輕油污，用稀濃度清潔劑，就可輕易去除；處理重油污，要用高濃度清潔劑，如強酸或強鹼才能清除，使用時要注意通風、戴上保護手套等安全衛生之問題)，並且用清水將清潔劑沖洗乾淨，最後用布或鹿皮將水擦乾即可。

(二) 洗車的相關知識

洗車是很容易上手，但要眞正把車洗好，須對其相關知識充分了解，才能發揮洗車之功效，而不會對車漆及人員造成傷害。其必備知識敘述如後：

1. 清除鋼圈上的污垢：沾在輪胎鋼圈上的污垢，主要是由煞車蹄片塵屑、泥土、油漬等類型的污垢。由於輪胎在行進中的溫度極高，這些污垢因溫度變化非常的激烈，附著之後立即凝固，要去除這些頑垢，必須用強酸性或強鹼性清潔劑才能去除。下列幾點是做清潔及保養時必須格外小心的：

   (1) 施工時，鋼圈要在冷卻狀態下且要通風良好，戴上防護手套及口罩，才能用強酸或強鹼性清潔劑清洗鋼圈。
   (2) 一次清潔一個輪胎與鋼圈，避免清潔劑乾涸。
   (3) 不要使用鋼刷刷鋼圈，會刮傷鋼圈表面。
   (4) 輪胎光澤保護劑(油性的)不適用於機車輪胎上，易造成滑倒之危險。

2. 車身柏油之清洗：車子經過剛鋪好的道路，軟軟黑黑的柏油會飛黏至車身，使車身兩側下半部、保險桿、輪胎周圍等處，都附著惱人的柏油。柏油是很強的油性污垢，附著在塗裝面造成不美觀。

   柏油要用石油類的有機溶劑才能去除，坊間有賣專用的柏油清潔劑，把清潔劑噴在柏油污漬處，經過一段時間，讓柏油分解軟化，然後用抹布把柏油擦除，漆面上的清潔劑最後要用清水沖洗乾淨，再用乾抹布擦乾即可。

3. 洗車應注意的事項

   (1) 水是最便宜的清洗劑，且以軟水最佳；硬水含有鈣成分，易影響漆面亮度、玻璃透明度。
   (2) 不要在大太陽下洗車，因清潔劑易立即乾涸，且不易沖洗乾淨，殘留在漆面上，易使漆面褪色。
   (3) 用中性清潔劑清除漆面的油污爲最佳。如果用酸性或鹼性清潔劑，一定要戴手套保護手，最後要用清水沖洗乾淨，否則易傷害漆面。
   (4) 用水管沖洗時，應避免刮傷漆面。

(5) 吸水布主要原料是聚乙烯醇，是一種化學合成皮俗稱鹿皮，吸水性強、不掉棉絮、柔軟不傷漆面等優點。可應用在汽車漆面、內裝及玻璃清潔與吸水等用途。

貼心秘方

吸水布使用技巧
1. 沾水後擰乾。
2. 將它平攤在漆面上，抓著前面兩邊平貼漆面，往前拉行，其吸水效果佳。
3. 使用完畢後，水洗乾淨擰乾，放在陰涼處自然風乾。

4. 玻璃清潔應注意的事項

(1) 玻璃清潔劑一定要用水溶性的；油性清潔劑會在玻璃上形成一層油膜，雨天沾水會造成視線模糊。
(2) 前擋風玻璃不能塗抹撥水劑，因矽元素易滲入玻璃毛細孔中，夜間易產生亮點，造成視線模糊。
(3) 清除頑強的油膜，要用含研磨顆粒的玻璃清潔劑，因研磨顆粒可破壞油膜，以達到清除的效果。
(4) 含研磨顆粒的玻璃清潔劑，不能用在清潔隔熱紙與防霧線，研磨顆粒會磨壞隔熱紙與防霧線。

5. 黏土(瓷土)去除油漆塵、鐵粉或硬柏油：剛洗車後，仍有一些洗不掉的污點沾在車身，用手觸摸可感覺粗糙顆粒物存在，那麼很可能是油漆塵、鐵粉或硬柏油等污染物，尤其鐵粉受熱會扎進漆面，使車子生鏽。要去除這些污染物，可要借重黏土(瓷土)了，以黏土吸入黏著作用，將顆粒污點黏起而不傷害到漆面。黏土使用流程請參閱第二章第二單元。

(三) 洗車的流程

本單元前半部屬於比較克難式 DIY 洗車方式，為了撰寫方便，施工流程與專業洗車有少部分差異，但其原理是相通的。本章的流程如下：

1. 噴鋼圈清潔劑
2. 沖水
3. 車體沖水
4. 噴柏油清潔劑
5. 泡沫洗車
6. 沖水

7. 黏土處理(若有粗糙物存在)
8. 擦乾車體
9. 風槍吹除水分(把細縫處之水分吹出擦乾)
10. 玻璃擦拭
11. 上輪胎油

洗車實作流程

1. 噴鋼圈清潔劑(清洗鋼圈)(如圖 4-10a、b、c)
   (1) 用手動噴壺噴灑鋼圈清潔劑於四個車輪鋼圈，以軟化污垢，如煞車粉、柏油。
   (2) 用圓柄鋼圈刷子清除鋼圈上頑強污垢。

圖 4-10a　噴壺噴灑鋼圈清潔劑於鋼圈上

圖 4-10b　用刷子清除鋼圈上頑強污垢

圖 4-10c　用刷子清除鋼圈上頑強污垢

2. 沖水(如圖 4-11)

隨後用清水將鋼圈沖洗乾淨。

圖 4-11　用清水將鋼圈沖洗乾淨

3. 車體沖水(清除車上灰塵)(如圖 4-12a~k)

(1) 緊閉門窗，用清水從車頂由上往下沖洗全車。
(2) 沖洗前擋風玻璃、引擎蓋、保險桿。
(3) 沖洗左車門玻璃、車門。
(4) 沖洗左前後輪胎、車輪擋泥板及凹緣處之泥沙。
(5) 沖洗後擋風玻璃、後車蓋、保險桿。
(6) 沖洗右車門玻璃、車門。
(7) 沖洗右前後輪胎、車輪擋泥板及凹緣處之泥沙。

圖 4-12a　從車頂由上往下沖洗

圖 4-12b　沖洗前擋風玻璃

圖 4-12c　沖洗前引擎蓋、保險桿

圖 4-12d　沖洗左車門玻璃、車門

圖 4-12e　沖洗左前輪胎、車輪擋泥板及凹緣處之泥沙

圖 4-12f　沖洗左後輪胎、車輪擋泥板及凹緣處之泥沙

圖 4-12g　沖洗後擋風玻璃、後車蓋

圖 4-12h　沖洗後保險桿

圖 4-12i　沖洗右車門玻璃、車門

圖 4-12j　沖洗右後輪胎、車輪擋泥板及凹緣處之泥沙

圖 4-12k　沖洗右前輪擋泥板及凹緣處

4. 噴柏油清潔劑(清除車身柏油)(如圖 4-13a、b)
   (1) 在車身沾柏油處噴上柏油清潔劑，然後靜置數分鐘以軟化柏油。
   (2) 最後用棉布擦除車身之柏油。

圖 4-13a　在車身沾柏油處噴上柏油清潔劑，然後靜置數分鐘以軟化柏油

圖 4-13b　最後用棉布擦除車身之柏油

5. 泡沫洗車(泡沫清洗車體油污)(如圖 4-14a~l)

(1) 將洗車精沖水製成泡沫清潔劑，配合軟海綿吸取泡沫，由車頂開始清洗。泡沫洗車與沖水流程相同。
(2) 清洗前擋風玻璃、引擎蓋、前保險桿。
(3) 清洗左車門及玻璃。
(4) 使用長柄刷子沾泡沫，刷除左前後輪胎、車輪擋泥板及凹緣處之油污。
(5) 清洗後擋風玻璃、後車蓋、後保險桿。
(6) 清洗右車門及玻璃。
(7) 使用長柄刷子沾泡沫，刷除右前後輪胎、車輪擋泥板及凹緣處之油污。

圖 4-14a 先倒入洗車精再沖水製作泡沫

圖 4-14b 由車頂開始洗

圖 4-14c 清洗前擋風玻璃、引擎蓋

圖 4-14d 清洗前保險桿

圖 4-14e　清洗左車玻璃及車門

圖 4-14f　使用長柄刷子刷除左前輪胎、輪擋泥板及凹緣處之油污

圖 4-14g　使用長柄刷子刷除左後輪胎、輪擋泥板及凹緣處之油污

圖 4-14h　清洗後擋風玻璃

圖 4-14i　清洗後車蓋、保險桿

圖 4-14j　清洗右車門及玻璃

圖 4-14k　使用長柄刷子刷除右前輪胎

圖 4-14l　刷除車輪擋泥板及凹緣處之油污

泡沫洗車的修正做法(二分之一法則)：

用軟海綿吸取泡沫清潔劑，先刷洗全車車體上半部，因上半部污染較小；車體下半部較易沾上泥沙與髒污，應最後刷洗。如此可避免刷洗車體下半部後的髒海綿污染或刮傷其它較乾淨的車身部位(請參閱圖 7-5a~d 及圖 7-6a~d)。

6. 沖水(洗淨車體)(如圖 4-15a~l)

(1) 用清水配合海綿或棉布將全車清潔劑沖洗乾淨，從車頂由上往下清洗。

(2) 沖洗前擋風玻璃、引擎蓋、保險桿。

(3) 沖洗右車門玻璃、車門。

圖 4-15a　從車頂由上往下清洗

圖 4-15b　沖洗前擋風玻璃

(4) 沖洗右前後輪胎、車輪擋泥板及凹緣處之泥沙。
(5) 沖洗後擋風玻璃、後車蓋、保險桿。
(6) 沖洗左車門玻璃、車門。
(7) 沖洗左前後輪胎、車輪擋泥板及凹緣處之泥沙。

圖 4-15c　沖洗引擎蓋、保險桿

圖 4-15d　沖洗右車門玻璃、車門

圖 4-15e　沖洗右車門玻璃、車門

圖 4-15f　沖洗右前後輪胎、車輪擋泥板及凹緣處之泥沙

圖 4-15g　沖洗後擋風玻璃

圖 4-15h　沖洗後車蓋、保險桿

圖 4-15i　清洗後保險桿

圖 4-15j　沖洗左車門玻璃、車門

圖 4-15k　沖洗左車門玻璃、車門

圖 4-15l　沖洗左前後輪胎、車輪擋泥板及凹緣處之泥沙

7. 黏土(瓷土)處理(去除油漆塵，鐵粉或硬柏油)(如圖 4-16a、b、c)

(1) 用手觸摸車身確定有粗糙污染物存在，準備黏土(用手捏一捏讓黏土變軟)。

(2) 利用洗車後之餘濕，用黏土研磨黏取顆粒污染物(研磨可用打圓或交叉推磨方式)。

(3) 一手推磨、一手感覺直到顆粒污染物消失為止。

圖 4-16a　準備黏土(先用手捏一捏讓黏土變軟)

圖 4-16b　用手打圓或交叉推磨黏土

圖 4-16c　一手推磨、一手感覺，直到顆粒污染物消失為止

8. 擦乾車體(由近身處先擦拭，以免弄濕衣服)(如圖 4-17a~f)

(1) 吸水布擦乾車體前側。
(2) 擦乾車體右側。
(3) 擦乾車體右側車頂。
(4) 擦乾車體左側。
(5) 擦乾車體左側車頂。
(6) 擦乾車體後側。

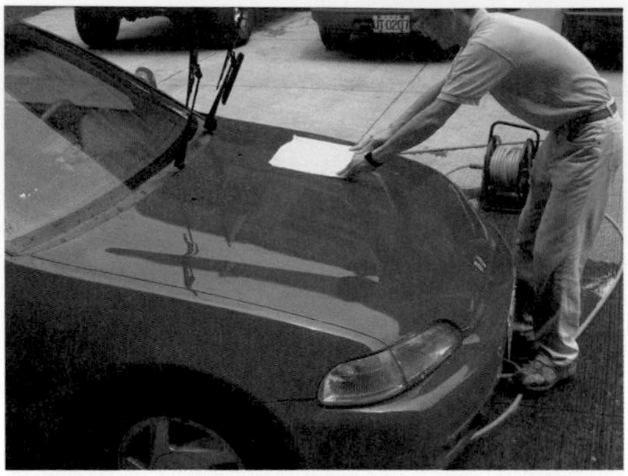

圖 4-17a　擦乾車體前側，吸水布平貼在漆面上，往前拉，吸水效果佳

圖 4-17b　擦乾車體右側

圖 4-17c　擦乾車體右方車頂

圖 4-17d　擦乾車體左側

圖 4-17e　擦乾車體左方車頂

圖 4-17f　擦乾車體後側

9. 風槍吹除水分(將接合縫之水分吹出，配合吸水布吸除水分)(如圖 4-18a~f)
   (1) 車體前側接合縫水分吹出及擦除。
   (2) 車體兩側接合縫水分吹出及擦除。
   (3) 車體後側接合縫水分吹出及擦除。

圖 4-18a　車體前側接合縫水分吹出及擦除

圖 4-18b　車體兩側接合縫水分吹出及擦除

圖 4-18c　車體兩側接合縫水分吹出及擦除

圖 4-18d　車體兩側接合縫水分吹出及擦除

圖 4-18e　車體後方接合縫水分吹出及擦除

圖 4-18f　車體後方接合縫水分吹出及擦除

10.玻璃擦拭(去油污)(如圖 4-19a~g)

(1) 用純棉布沾玻璃去污蠟(含研磨劑)，以打圓加壓方式塗磨全部玻璃。
(2) 靜置 3~5 分鐘自然風乾，呈現白霧粉末狀，最後用棉布擦掉即可。
(3) 用水性玻璃清潔劑處理貼隔熱紙或除霧線的玻璃(圖 4-19h)。

圖 4-19a　細孔棉布及含研磨劑之清潔劑

圖 4-19b　用純棉布沾玻璃清潔劑

圖 4-19c　以打圓加壓方式，塗磨全部玻璃

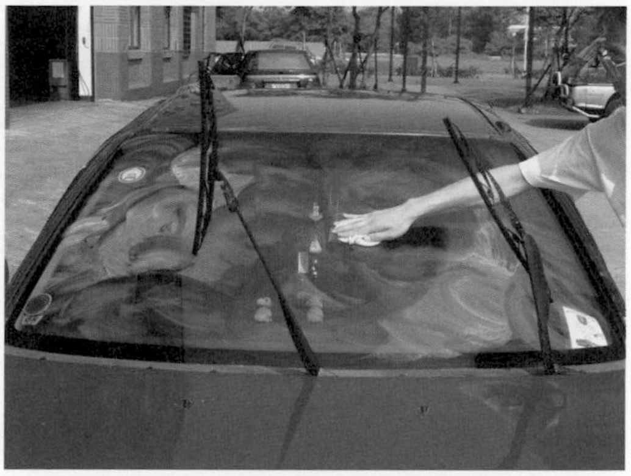

圖 4-19d　以打圓加壓方式，塗磨全部玻璃

圖 4-19e　清潔兩刷片

圖 4-19f　靜置 3~5 分鐘自然風乾，呈現白霧粉末狀，最後用棉布擦掉即可

圖 4-19g　用棉布擦掉粉末後，呈現出明亮清澈的玻璃

圖 4-19h　噴水性玻璃清潔劑，清潔隔熱紙及除霧線

圖 4-19i　用棉布將玻璃擦拭乾淨即可

11.上輪胎保養油(如圖 4-20a、b、c)

輪胎噴上保養油，再用海綿將保養油塗抹均勻。

圖 4-20a　噴輪胎保養油

圖 4-20b　用海綿擦拭均勻

圖 4-20c　保養後，輪胎呈現出烏黑亮麗的外型

三、室內美容

灰塵與沙土是無孔不入的，有些是駕駛人或乘客帶進車內，但是絕大部分是來自車輛排放之廢氣與空中飄浮的灰塵，藉由空調系統進入車內，如果車子內部長期不加以清潔，則灰塵就在車內循環，造成人體呼吸系統的不適、危害健康。若能經常把車內清潔保養好，可使駕駛人或乘客在車內神清氣爽、舒服愉快。

室內清潔首先使用吸塵器把車用地毯、座椅、儀表板上的灰塵和雜屑清掉，而小角落如冷氣出風口或一些細縫處則用毛刷或特殊的工具清理。然後再噴清潔劑、刷除污垢、吸水布沾水擰乾後擦拭乾淨。室內各部位清洗後，最後才進行保養工作，例如真皮的部分擦上真皮保護油，可延長皮革的壽命；塑膠材料則擦上塑膠保護油，防止劣化。最後依據個人喜好是否噴上芳香劑，如此車內的清潔保養工作就算是大功告成了。

(一) 室內清潔的方法

清潔前要先把車所有雜物取出，包括門邊置物箱、中央扶手箱及置物箱。然後用吸塵器清除車內塵埃、泥沙。清潔所使用的工具、材料及步驟均相同，其清洗步驟依序如下：噴上稀釋清潔劑(加水稀釋)→用毛刷或硬海綿刷除油污→用沾水擰乾的清潔布或鹿皮清除骯髒物(要時常換水洗淨布或鹿皮)→用乾布擦乾或打開車門涼乾室內。

(二) 清潔及保養

汽車內裝清潔之前，應先把車內置物箱、門板置物箱及中央扶手內所有的雜物取出，而車內的腳踏墊，後車廂的備胎、地毯也一併先取出車外，待清潔完成後再放回車內。基本上應把握清潔過程不影響到已經完成的部位為

貼心秘方

1. 室內清潔所使用的工具：硬海綿、吸水布、水桶、豬鬃刷(刷皮椅用)。
2. 室內的污染是較輕微的，用稀釋清潔劑(加水稀釋)，就可輕易去除骯髒物。且為了減少水分帶入室內，清洗時，以擦洗方式進行。
3. 清洗步驟的口訣：噴(清潔劑)、刷(毛刷或硬海綿刷)、擦(沾水擰乾的清潔布或鹿皮擦洗)。

原則，因此清潔順序最好是由上而下，以免重複清潔，浪費時間。內裝各部分清潔保養的順序如下：

1. 吸塵器清理：用吸塵器把地毯、座椅的灰塵和雜屑吸除；清儀表板可用小毛刷配合吸塵器的小嘴清理細縫灰塵，特別是方向盤及各操縱桿處是灰塵最多的地方；清空調系統時，要將送風量開到最大，用小毛刷配合吸塵器徹底清除空調出風口的灰塵。

2. 天花板：天花板的材質大致可分絨布、硬式材質兩種。絨布材質的天花板，因為污垢可能藏在絨毛中，所以清潔時必須藉清潔劑滲入布料，分解髒污後，再以硬海綿刷洗將污垢帶出，然後用吸水布沾清水擰乾後擦拭乾淨。清洗的範圍一次以四分之一的車頂為原則，如此可避免因清潔範圍大而需要時間較久，導致清潔劑乾掉。硬式材質天花板因為本身不吸水，所以直接將清潔劑噴在海綿上擦拭天花板，髒污便會漸漸清除，依此要領反覆幾次配合吸水布沾水擰乾後，擦拭直至乾淨為止。

3. A、B、C 柱：大部分的車子 A、B、C 柱以樹脂或塑膠製品居多，清潔時直接噴上清潔劑，再以硬海綿刷洗，最後以吸水布擦拭乾淨即可。

4. 儀表板：儀錶板的材質以塑膠製品居多，清潔時直接噴上清潔劑，以硬海綿刷洗後，再以吸水布擦拭乾淨，最後再塗抹一些水性亮光臘。使用前必先確定亮光蠟是水性的，因其效果佳且較不會反光，是目前汽車美容業普遍採用的；如果是油性亮光臘，不易揮發且在太陽照射下易反光，進而影響行車安全。也有一些汽車美容業者採用一種「塑膠還原劑」，可使橡膠、塑膠件清潔並回復原有的光澤。

5. 座椅：座椅材質有絨布椅與皮椅兩種。絨布椅較便宜、色彩多樣化、不易發霉等優點，但易沾灰塵，所以必須常做清潔工作；皮椅乘坐舒服、質感與透氣性佳。而皮椅又有眞皮與合成皮椅之區分；眞皮皮椅一般以牛皮為主，牛皮又可區分為黃牛皮與水牛皮兩種。黃牛皮的皮質較細，纖維較密，觸感細緻柔軟；而水牛皮的皮質較硬、纖維較粗，容易產生裂痕、折痕。以下提供辨識皮革眞假好壞的幾個方法：

   (1) 出廠證明文件：世界各國均有生產皮革，但歐洲皮革製造水準高出東南亞許多，所以查看證件上有登載生產地、皮革廠標、皮革測試表、皮革使用授權書等基本資料，才是貨眞價實之產品。

(2) 打火機試驗：皮革本身不易燃燒，所以用打火機試驗，可避免買到 PU 製品。皮革在處理後應無刺鼻之味道，所以有溶劑、塗料的味道是品質較差的皮革。

(3) 抗油性佳：以去漬油擦拭皮革，應該無褪色及脫落現象。

(4) 觀察皮革斷面：以刀片橫切皮革，皮革由外表層至內裡層顏色均須一致，但外表層黑色，內裡層深灰色，則屬正常現象，如此可避免買到二度染色的皮革。

(5) 透氣性佳：在放大鏡下的皮革，若表面坑坑洞洞如月球表面，表示其透氣性佳。然而汽車用皮椅因需要而經耐磨、耐光等特殊處理，毛細孔因而被覆蓋，所以眞正較有水準車用皮革，經特殊表面處理後，工廠應提供皮革測試合格報告書，包含耐乾磨擦、濕磨擦的磨擦次數及耐熱、耐光的指數等。

皮革應定期清潔及保養，否則容易產生龜裂、變質等問題。其注意事項如後：

(a) 避免長時間停放在太陽下：若要長時間停車，則儘量尋找室內停車場，以防止座椅皮革快速變質老化，亦可保持儀表板的色澤。

(b) 定期清潔保養皮椅：最好每三至六個月做一次保養，而以純天然不揮發性的保養油爲佳，因爲眞皮皮椅屬於動物性組織細胞製造而成，定時予以上油保養，方能補充所需油脂，就如同人的皮膚若太過乾燥，需要乳液潤滑一樣。

(c) 避免不當之使用：像載運物品而割傷、小孩著鞋踐踏等。

(d) 避免接觸到水分：勿使用水清潔皮革，也應避免以非皮革專用保養油擦拭，因爲皮革吸到水分後其纖維組織會脹大變得鬆軟，使皮革變質。

皮椅若不小心弄髒，應在最短的時間內趕快處理，避免髒污滲入毛細孔內。一般含水的物質，可用衛生紙先行吸乾，再用皮革專用清潔液擦拭皮面，而後開冷氣風乾，上油保養即可。

在絨布椅的清潔方面，有些人在絨布椅上另外套上布椅套，清潔方式則分成兩部分，布椅套可拆下用洗衣機清洗，而絨布椅則先用噴霧器將水均勻的噴灑在絨布上，讓絨布有一點濕，這樣可以使清潔劑更容易滲入纖維之中，噴灑清潔劑時，要注意讓清潔劑均勻噴在座椅的每一個地方，稍等一下，讓座椅內的污垢受清潔劑分解而浮起來後，再用比較柔軟的刷子刷洗，刷洗時注意不必太用力，因為清潔劑已經把藏在絨布中的污垢給清了出來，這時只要輕輕的刷，最後不斷地用沾水擰乾的吸水布將泡沫擦拭乾淨就可以了。

6. 車內地板清潔：地板清潔時，先均勻噴灑清潔劑於地板上，再以地毯刷刷洗，最後以吸水布沾水擰乾擦拭，直到乾淨為止。清洗後可開冷氣除濕、或在通風良好的地方晾乾。

7. 玻璃：當擋風玻璃附著油污時，容易造成視線不良，尤其下雨天更是影響行車安全。汽機車排放出油煙所形成的油膜，可由一般清潔劑去除；另一種汽車蠟為了達到撥水效果而加入矽元素，矽易形成聚矽酮油膜，這種頑強油膜要用含有研磨顆粒的清潔劑才能去除。

   有些人會在擋風玻璃上使用撥水劑，使水珠的內聚力變大，下雨時雨水會在玻璃上凝聚，到達一定重量後才會滑下，所以當雨勢不大時，水珠密布在擋風玻璃上，反而造成視線不良，更危險的是水珠在夜間對光會產生折射現象，造成炫光；另外撥水劑中矽元素易滲入玻璃毛細孔中，夜間易產生亮點，造成視線模糊，嚴重妨礙視線，易產生危險。為了安全著想，前擋風玻璃是不能塗上撥水劑；而門窗玻璃及後窗玻璃才可以塗上撥水劑。

   擋風玻璃清潔的方式，是將含研磨粒的清潔劑倒在棉紗布上，以打圓方式加壓均勻塗抹全部玻璃，然後靜置 3~5 分鐘自然風乾，呈現白霧粉末之情形，最後用棉布擦掉即可。而貼有隔熱紙及裝置防霧線的玻璃，要用不含研磨顆粒的玻璃清潔劑清除油污，因為含研磨顆粒的清潔劑，它會破壞隔熱紙與防霧線。要如何確定玻璃是否已乾淨了呢？可以用水澆在玻璃上，若水不會散開，停留在整片玻璃上，表示完全乾淨。若水會散開，甚至結水狀，表示尚有油或蠟殘留在玻璃上，需要再清潔。

貼心秘方

> 清潔玻璃必須用水性玻璃清潔劑。

8. 後車廂：很多人車子的後車廂經常用來堆雜物，把後車廂當成家中的儲藏室，其實這是一個錯誤的觀念，因為後車廂東西愈多，代表車子必須負重更重，相對的耗油更多，而且東西愈多愈容易藏污納垢，而後車廂其實很難和前座完全隔絕，所以後車廂也是內裝的清潔保養重點之一。後車廂的清潔步驟，先取出後車廂內雜物、地毯、備胎，用吸塵器吸除地毯上的砂粒灰塵，均勻噴灑清潔劑於地毯面上，以地毯刷刷洗，最後以吸水布沾水擰乾擦拭，直到乾淨爲止，清洗後在通風良好的地方晾乾，等完成乾燥後，將取出的物件裝回原位。

9. 腳踏墊：腳踏墊的質料有毛料、絨布及塑膠等三種。絨布及塑膠的質料可用家庭用清潔劑來清除；但若是毛料、純羊毛等高級素材製成，則須使用專門洗滌這類毛料的清潔劑，才不會使腳踏墊受損。清洗步驟是將腳踏墊取出車外，找一根柱子或障礙物上輕輕拍打，使灰塵、泥沙脫離；或用吸塵器吸除灰塵、泥沙，然後噴上清潔劑，用刷子順著毛的排列方式刷一遍，再用清水沖洗或用沾水後擰乾之吸水布擦洗乾淨，然後晾乾或曬乾。腳踏墊在放回車內之前，一定要確定腳踏墊已經是全乾了，以免濕的腳踏墊又造成黴菌繁衍。

貼心秘方

腳踏墊也可以直接用洗衣機清洗，洗淨後，放在大太陽下曬乾，一則可以徹底清洗乾淨，一則可以完全殺菌。

(三) 室內美容實作流程

室內清潔的方法在前面兩單元已詳細討論過，故本單元僅就其施工方法及保養實作流程介紹如下：(本單元使用泡沫清潔劑清潔，它與一般稀釋清潔劑功用相同，只是廠家製成泡沫方便使用而已。)

1. 室內吸塵(如圖 4-21a~f)

圖 4-21a　取出腳踏墊處理

圖 4-21b　冷氣開至最大出風量，吸塵器吸配合小毛刷刷除灰塵

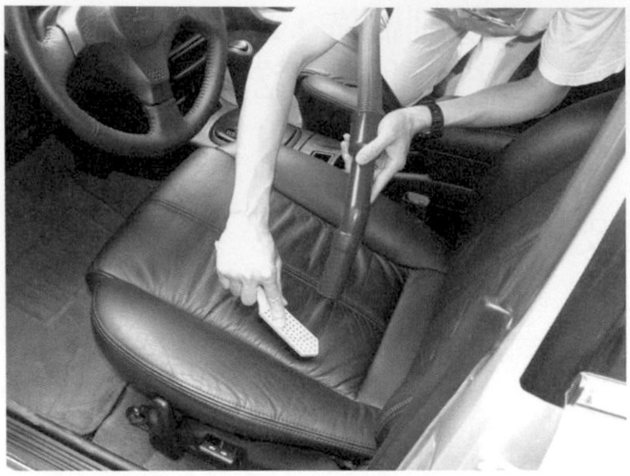

圖 4-21c　吸除座椅上的髒東西

圖 4-21d　前座吸塵

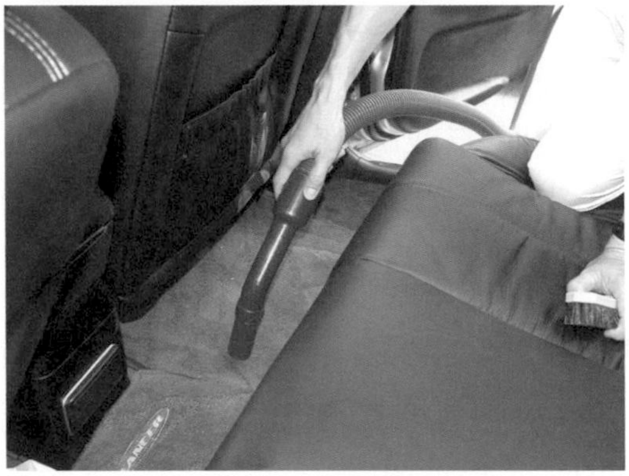

圖 4-21e　後座吸塵

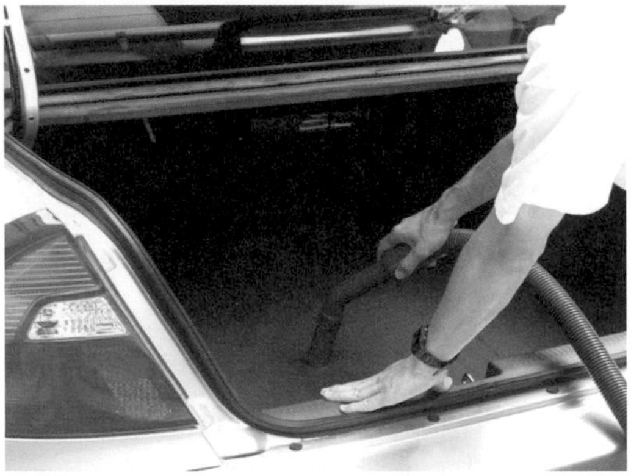

圖 4-21f　後車廂吸塵

2. 天花板清潔(如圖 4-22a、b、c)

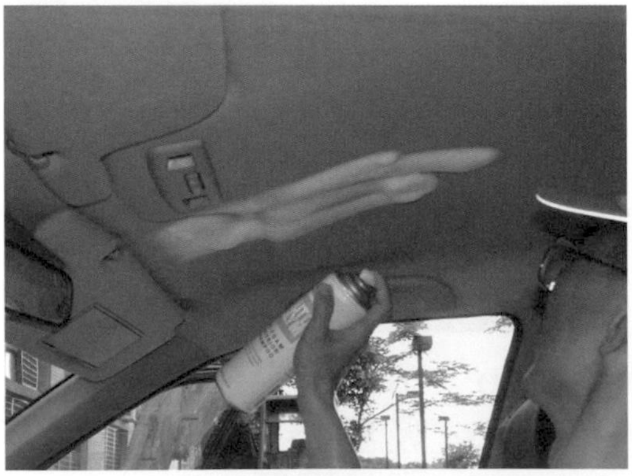

圖 4-22a　噴泡沫清潔劑

圖 4-22b　用硬海綿刷

圖 4-22c　用沾水擰乾的清潔布或鹿皮擦洗

3. A、B、C 柱清潔(如圖 4-23a~e)

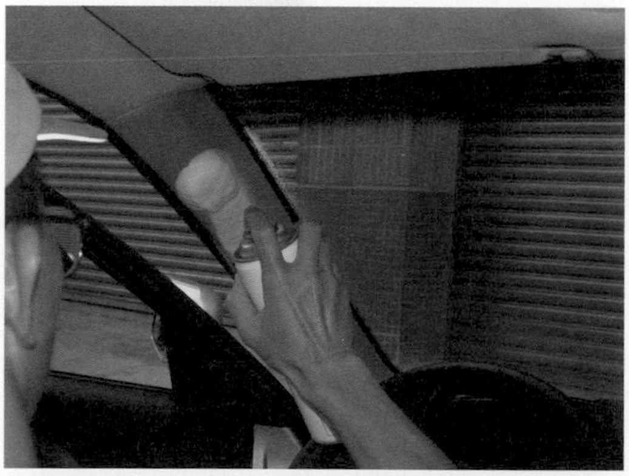

圖 4-23a　噴泡沫清潔劑

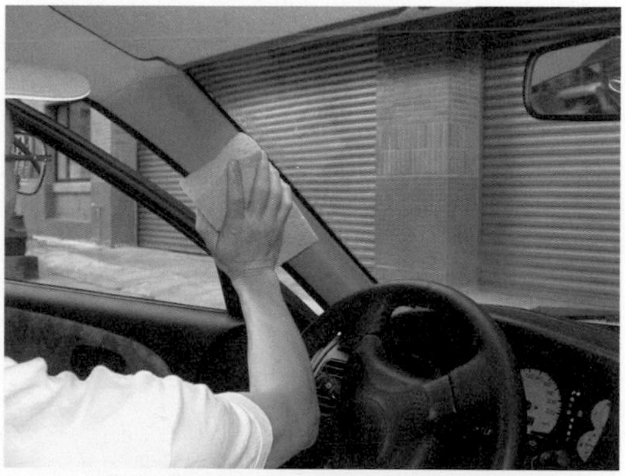

圖 4-23b　用硬海綿刷

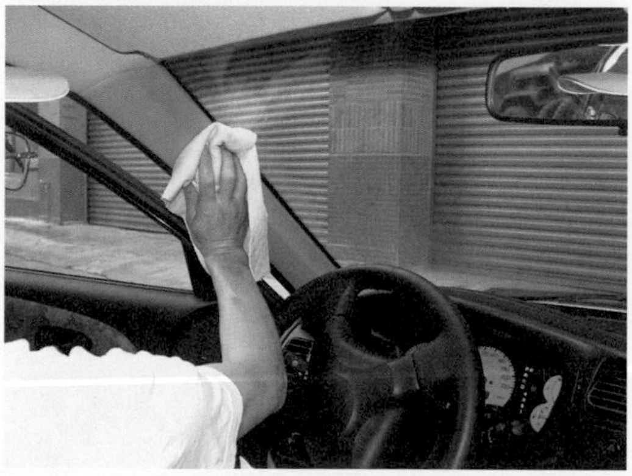

圖 4-23c　用沾水擰乾的清潔布或鹿皮擦洗

圖 4-23d　B 柱清潔：噴、刷、擦方式同 A 柱

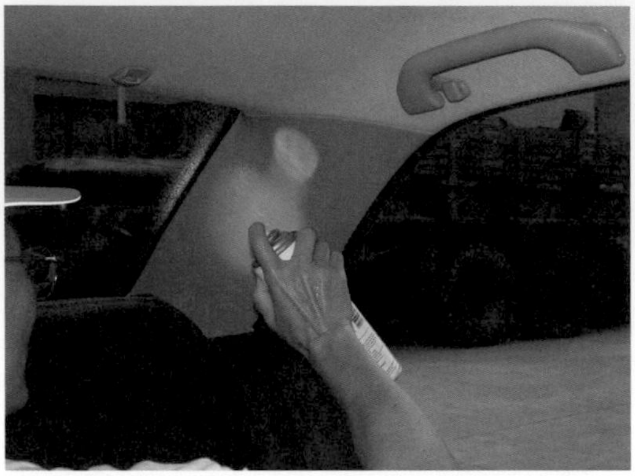

圖 4-23e　C 柱清潔：噴、刷、擦方式同 A 柱

4. 儀表板清潔(如圖 4-24a~d)

圖 4-24a　噴泡沫清潔劑

圖 4-24b　用硬海綿刷

圖 4-24c　清潔布或鹿皮沾水擰乾

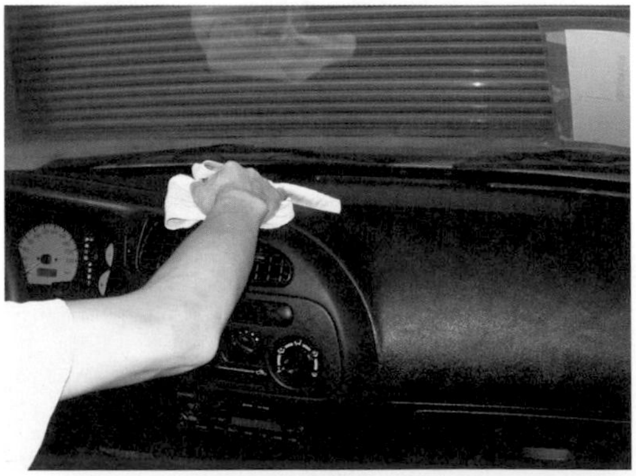

圖 4-24d　用擰乾的清潔布或鹿皮擦洗

5. 座椅清潔(如圖 4-25a~d)

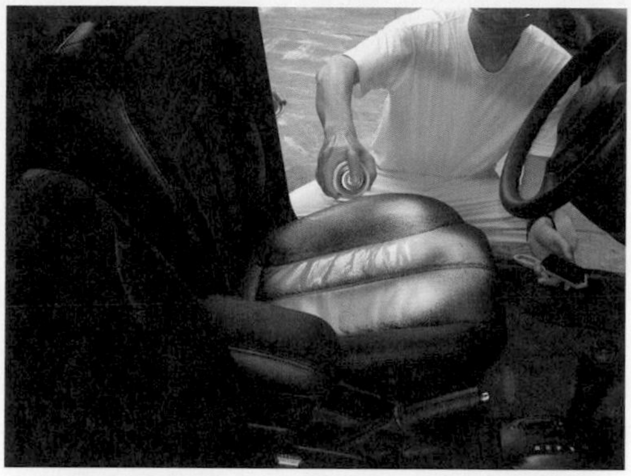

圖 4-25a　噴泡沫清潔劑

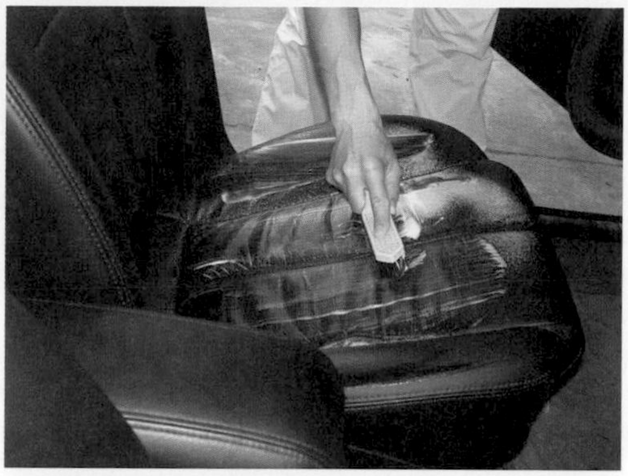

圖 4-25b　用毛刷或豬鬃刷刷除污物

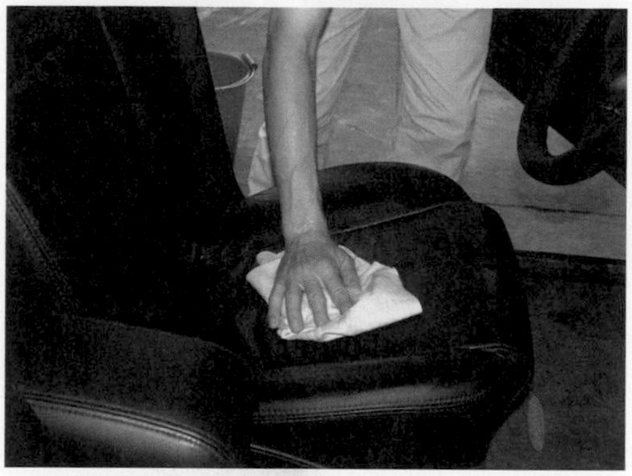

圖 4-25c　用沾水擰乾的清潔布或鹿皮擦洗

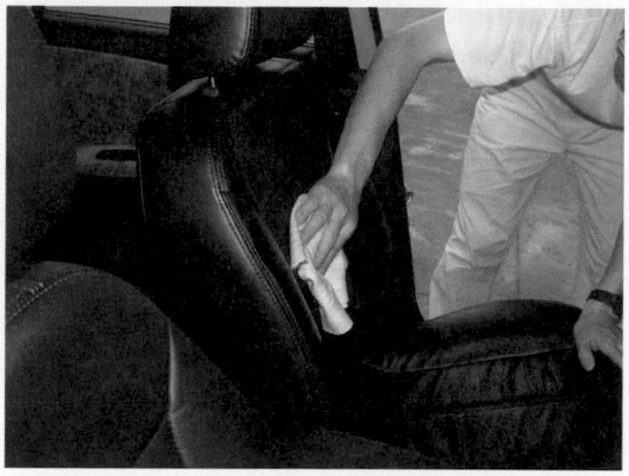

圖 4-25d　椅背清潔，噴、刷、擦方式同前

6. 車門板及門框清潔(如圖 4-26a~f)

圖 4-26a　噴泡沫清潔劑於門板

圖 4-26b　用硬海綿刷

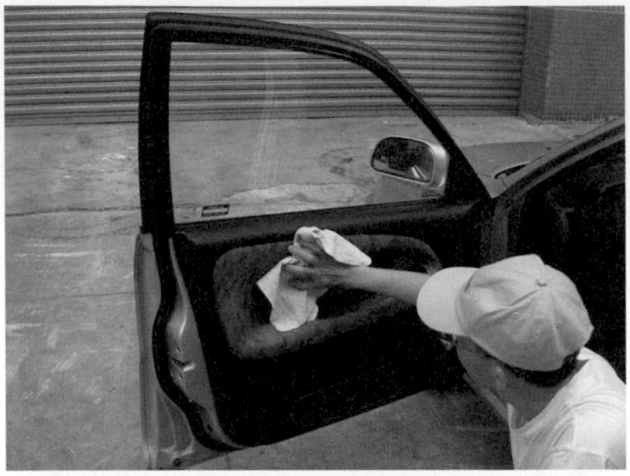

圖 4-26c　用沾水擰乾的鹿皮擦洗

圖 4-26d　噴泡沫清潔劑於門框

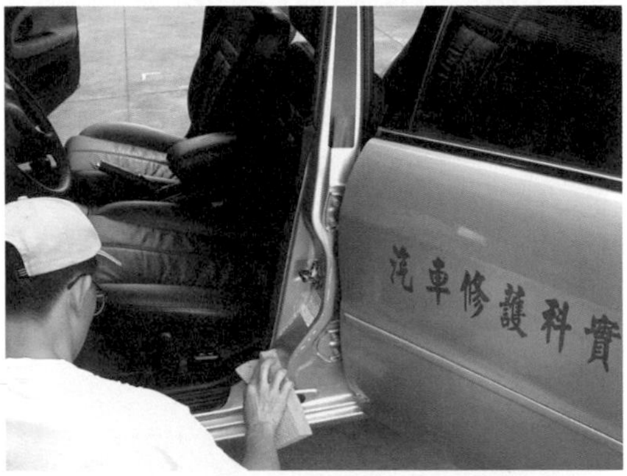

圖 4-26e　用硬海綿刷

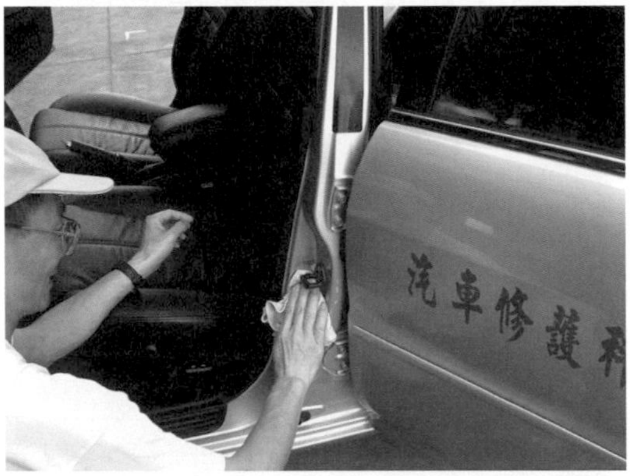

圖 4-26f　用沾水擰乾的鹿皮擦洗

7. 地板清潔(如圖 4-27a、b、c)

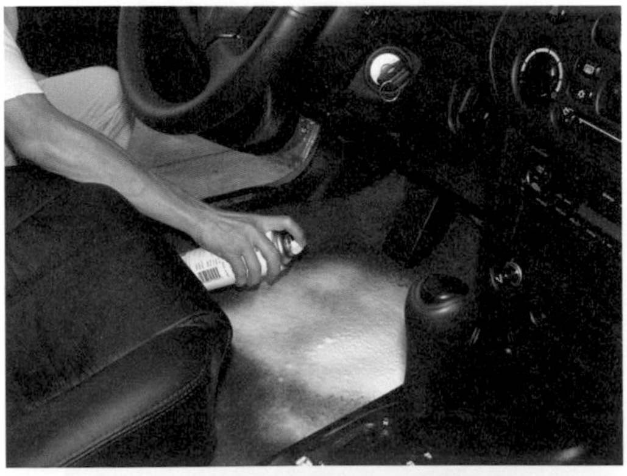

圖 4-27a　噴泡沫清潔劑

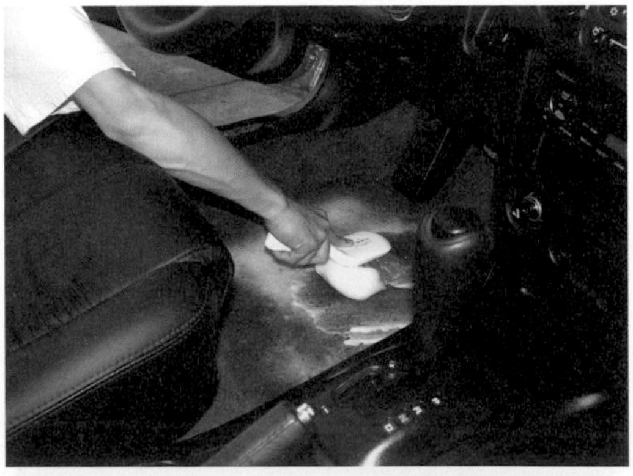

圖 4-27b　用地毯刷刷除污物

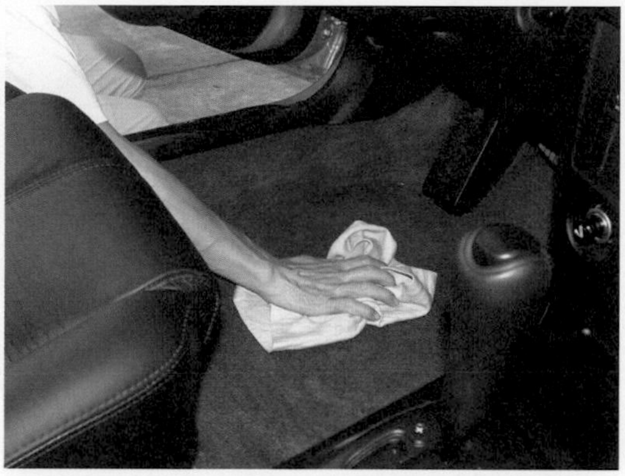

圖 4-27c　用沾水擰乾的清潔布或鹿皮擦洗

8. 玻璃清潔(如圖 4-28a~g)

圖 4-28a　微溼棉布沾玻璃清潔(含研磨劑)

圖 4-28b　以打圓加壓方式，塗磨玻璃

圖 4-28c　塗磨室內玻璃

圖 4-28d　以打圓加壓方式，塗磨車門玻璃

圖 4-28e　靜置 3-5 分鐘自然風乾，呈現白霧粉末狀，最後用棉布擦掉即可

圖 4-28f　噴玻璃清潔劑，貼隔熱紙或除霧線之玻璃窗要用不含研磨劑之清潔劑清潔

圖 4-28g　用棉布擦乾即可

9. 後車廂清潔(如圖 4-29a、b、c)

圖 4-29a　噴泡沫清潔劑

圖 4-29b　用地毯刷刷除污物

圖 4-29c　用沾水擰乾的清潔布或鹿皮擦洗

10.腳踏墊清潔(如圖 4-30a~f)

圖 4-30a　(方式一)拍打除塵

圖 4-30b　(方式二)使用吸塵器除塵

圖 4-30c　噴泡沫清潔劑

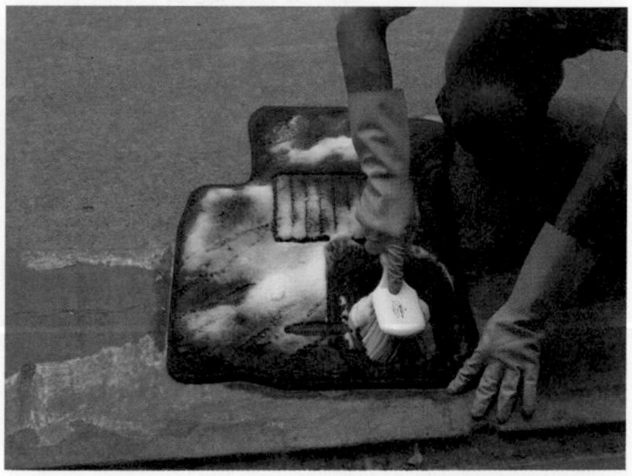

圖 4-30d　用地毯刷刷除污物

圖 4-30e　用吸水布擦洗乾淨

圖 4-30f　放在陽光下曬乾

11. 室內保養(如圖 4-31a、b、c)

圖 4-31a　塑膠材料如儀表板、ABC 柱、車門板等塗上塑膠保養劑(水性)

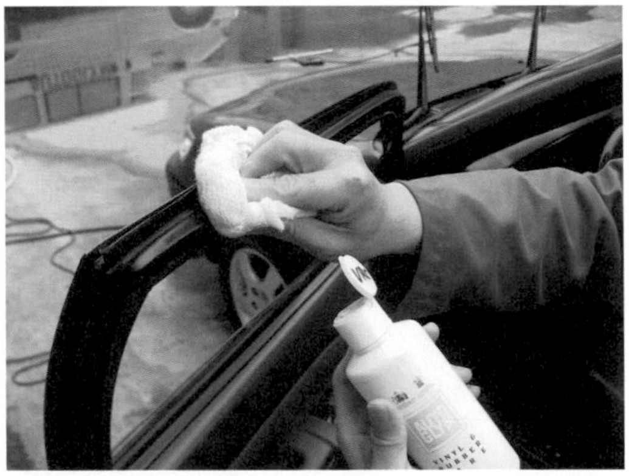

圖 4-31b　橡膠材料塗上橡膠保養劑(油性)

圖 4-31c　真皮椅塗上皮革保養劑(油性)

四、漆面修護及保養

一部新車剛出廠時，車身是光亮無暇的。然而，經一段時間使用後，車身上或多或少都有一些傷痕，尤其停車停在不安全或不該停的地方；經常去光顧所謂電動洗車；不正確的洗車打蠟等錯誤的處理，使漆面產生嚴重傷痕(圖 4-32)，這些傷痕除了造成不美觀外，也會加速漆面老化的命運。因此在處理這些傷痕時，首先用修護蠟做整平及拋光處理，徹底清除車身外表所有的污垢及刮痕，再塗上一至二層不同性質的美容蠟，做增豔及保護處理，使漆面較耐刮傷、耐腐蝕、不易褪色等優點。

(一) 漆面修護及保養原理

漆面受傷時，如果只傷到面漆，可用打蠟方式去除傷痕，然而傷痕去除後，面漆(金油層)也被研磨劑削除一層厚度，因此每次在使用修護蠟時，必須格外小心，否則面漆最後將會被完全地拋除，而失去保護的功效，加速漆面老化之命運。修護蠟以加入研磨劑的顆粒大小，區分粗蠟、中目蠟、細蠟等。一般依據刮痕深淺程度不一，可用 1500~3000 號水砂紙(圖 4-33)或粗蠟去除較深的傷痕(圖 4-34)、中目蠟去除較小的傷痕(圖 4-35)、細蠟做除紋拋光效果(圖 4-36)，使全漆面光亮如新。

漆面經細蠟做除紋拋光後，表面已達鏡面效果，如果再使用海綿輪或棉布均勻地塗上一至二道如樹脂、釉、鐵氟龍、矽晶或棕櫚之美容蠟(圖 4-37、38)，讓蠟均勻滲入漆面的任何空隙及毛細孔中，以隔絕灰塵、油煙及其他雜質，使漆面不直接受到污染物的侵襲，因此漆面更能保持其光澤、亮麗及持久性。

補充資料：一般漆面修護用的水砂紙建議在 1500~3000 號數之間。水砂紙號數愈大，顆粒愈小，切削力較差，但使用後所留下的砂痕越細，最後去除砂痕的程序越簡單。例如使用 1500 號的水砂紙處理後，漆面留下的砂痕要中蠟及細蠟才能去除；2000 號的砂痕要用細蠟就能有效去除；3000 號留下的微細砂痕幾乎不需要或略微用細蠟處理一下即可。水砂紙可有效及快速地去除面漆上較深的刮痕或硬化凸起物，例如油漆、柏油或樹脂等。使用方式是先將砂紙浸水，然後以水磨方式進行，將刮痕處或硬化凸起物小心地磨平，再用修護蠟來磨掉砂紙痕跡，最後再打美容蠟保護漆面即可。

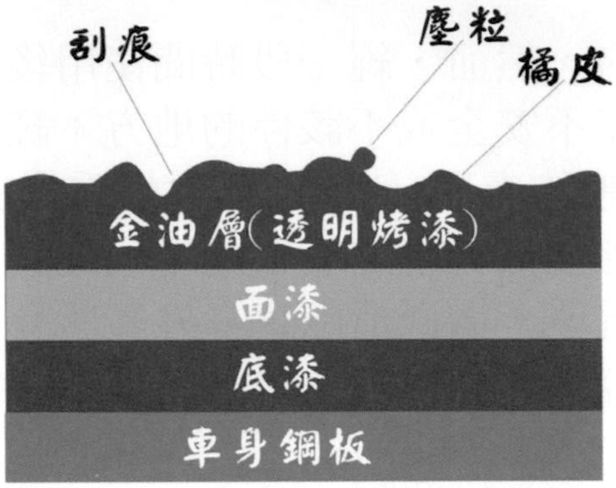

圖 4-32　砂磨前，漆面有刮痕、塵粒、橘皮、垂流之現象

圖 4-33　砂磨後，將漆面瑕疵細緻化

圖 4-34　粗蠟處理後，將漆面瑕疵更細緻化

圖 4-35　中目蠟處理後，將漆面瑕疵整平

圖 4-36　細蠟處理後，將漆面鏡面化(此已超過汽車出廠時漆面之標準)

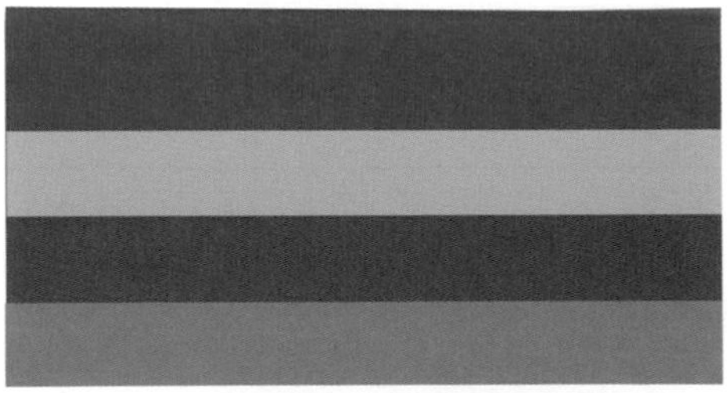

圖 4-37　上第一道釉蠟，將漆面填縫保護

圖 4-38　上第二道氟素蠟，使保護層加厚漆面修護及保養之作用原理圖

(二) 打蠟應具備的常識

打蠟可區分為手工打蠟及電動打蠟兩種。手工打蠟是最簡便的打蠟方式，只要準備蠟及棉紗線即可動工處理；電動打蠟施工速度快、省時省力、同時羊毛輪或海綿輪旋轉產生的熱量可使蠟易滲入毛細孔中，增加漆面的亮度。目前有愈來愈多的愛車族把洗車打蠟當成一項假日活動，車子經洗車打蠟後，發出亮晶晶的光澤，那一種成就感只有工作者自己才能體會。打蠟時應注意事項如下：

1. 穿著：勿穿有皮帶或鈕扣之衣褲，以免刮傷漆面。
2. 施工的場所：打蠟應在室內實施，在陽光下打蠟，易造成蠟立即乾涸；陰雨天氣也不適合打蠟，易受水氣影響。
3. 蠟的選用順序：最先選用的蠟(研磨劑)以參考最深的刮痕為主，其次選用的蠟以抓去前一道處理所造成的刮痕為選用的原則。敘述如下：
   (1) 深刮痕區域：先用粗蠟去除較深的刮痕、再用中目蠟去除較小的傷痕、細蠟做除紋拋光處理(勿將蠟塗在車身飾條或保險桿上，以免產生刮痕)。
   (2) 小刮痕區域：用中目蠟去除較小的傷痕、細蠟做除紋拋光處理。
   (3) 細微痕跡區域：直接用細蠟做除紋拋光處理即可。
   (4) 無刮痕之車身：用不含研磨劑的美容蠟做增豔及保護處理。
4. 打蠟機的轉速設定及拋光材質之配合(如下表所示)：轉速高，切削速度快，操作技巧必須要很好，否則會加速對漆面造成傷害。轉速太高，離心力大，易造成蠟的飛揚，浪費材料；另外易造成溫度上升，蠟立即乾涸等缺點。

材質及特性 / 打蠟種類	rpm (每分鐘轉速)	拋光材質 (圖 3-8)	切削力	備註
粗蠟	1800~2000	羊毛輪	最大	1. 塑膠材料，如保險桿表面打蠟約 600rpm 左右。 2. 木質材料表面打蠟約 600rpm 左右。
中蠟	1800~2000	硬海綿輪	適中	
細蠟	1800~2200	中硬海綿輪	最小	
美容蠟	2000~2800	細軟海綿輪	無	

5. 施工的範圍：每次施工的範圍不能太大，否則會造成部分區域蠟乾涸之困擾。一次施工一個小區域，大約 30~40cm 爲邊之正方形，在小區域內先把蠟打塗均勻，然後再細部打亮小區域的漆面，逐步一個接一個區域施工。

(三) 打蠟

本單元針對手工打蠟及電動打蠟實作程序，分別敘述如後：

手工打蠟其操作程序

1. 漆面修護蠟之操作程序

(1) 準備蠟：依漆面條件，選用第一道蠟(圖 4-39)。

(2) 塗蠟：用海綿沾蠟，將蠟均勻塗在漆面上(圖 4-40、4-43)。

(3) 打蠟：使用乾淨的棉球以畫圓方式推打漆面，一次施工一個小區域，一個區域接著一個區域施工，直到完成全車漆面的打蠟工作(圖 4-41、4-42、4-44)。依次更換蠟(棉球隨著更換)，使漆面刮痕逐次變淺，直到用細蠟做除紋拋光處理後，達鏡面效果爲止(其施工程序完全與上述相同)。

圖 4-39 準備蠟及打蠟棉球

圖 4-40 海綿沾蠟，將蠟均勻塗在漆面上

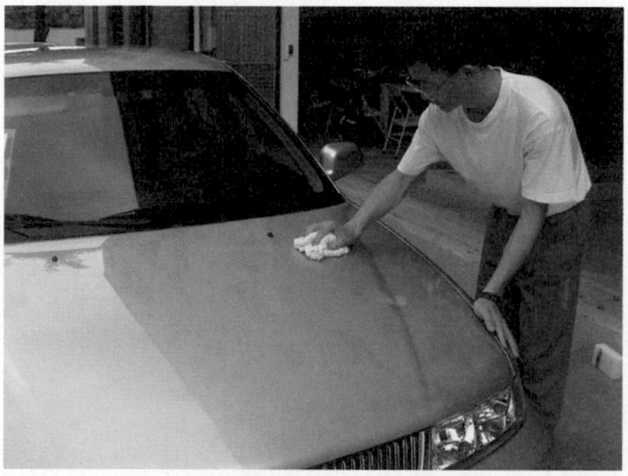

圖 4-41 使用乾淨的棉紗線以畫圓方式推打漆面

圖 4-42 使用乾淨的棉紗線以畫圓方式推打漆面，使漆面刮痕逐次變淺

圖 4-43　繼續用海棉沾蠟，將蠟均勻塗在未施工的漆面上

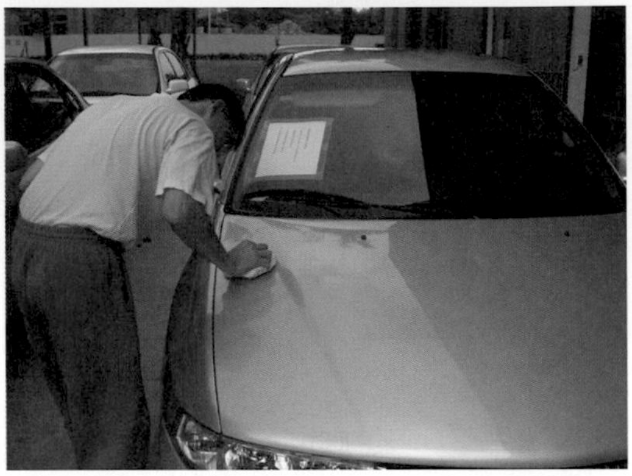

圖 4-44　繼續使用打蠟棉球，以畫圓方式推打未施工的漆面(重複上述步驟，逐次一個區域接著一個區域完成全車漆面的打蠟工作)

2. 美容蠟之操作程序

(1) 塗蠟：用海綿或棉布沾美容蠟，將蠟均勻塗在漆面上(圖 4-45a~f)。
(2) 風乾：靜置自然風乾(讓溶劑蒸發)(圖 4-46)。
(3) 擦拭：用棉布或棉紗線擦掉蠟粉(圖 4-47 a~d)(圖 4-48)。
(4) 塗第二道美容蠟：可達不同的保護效果及增加保護層之厚度，其施工程序如上述(1)、(2)、(3)三個步驟。

圖 4-45a　車頂塗上美容蠟

圖 4-45b　引擎蓋塗上美容蠟

圖 4-45c　保險桿塗上美容蠟

圖 4-45d　後車蓋及保險桿塗上美容蠟

圖 4-45e　右側車門塗上美容蠟

圖 4-45f　左側車門塗上美容蠟

圖 4-46　靜置風乾

圖 4-47a　擦除車體前側之蠟粉

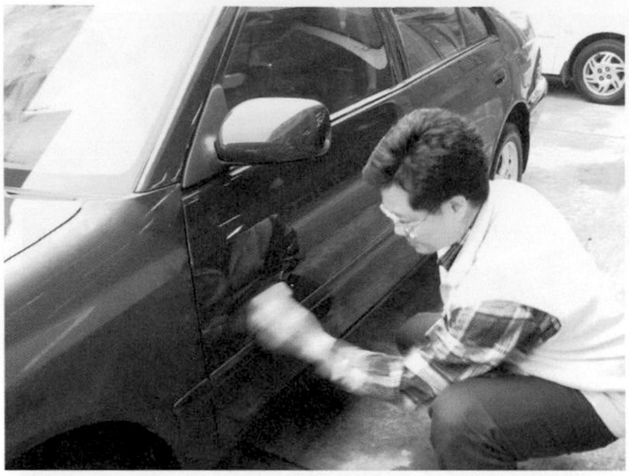

圖 4-47b　擦除車體左側之蠟粉

圖 4-47c　擦除車體右側之蠟粉

圖 4-47d　擦除車體之蠟粉

圖 4-48　蠟粉擦除後，呈現出亮晶晶的漆面

電動打蠟其操作程序

1. 漆面修護蠟之操作程序

(1) 打乳狀蠟

(a) 填蠟：把蠟倒入海綿輪中(圖 4-49)。

(b) 均勻劃開蠟：海綿輪貼在漆面，左右移動打蠟機將蠟均勻塗在漆面上(圖 4-50a、b)。

(c) 啓動打蠟機打蠟：海綿輪貼在漆面上，啓動打蠟機開始打蠟(圖 4-51a~g)，打蠟時要不斷左右與十字交互移動，否則易造成鈑金發熱，蠟乾涸及漆面受損等問題。若蠟乾涸時，可噴一點水(圖 4-51d)，再進行打蠟工作。

(d) 擦拭：用棉布或棉紗線擦掉蠟粉(圖 4-52)，重複上述(a)、(b)、(c)、(d)的施工程序，直到全車漆面處理完畢爲止。

圖 4-49　把蠟倒入海綿輪中

圖 4-50a　海綿輪貼在漆面，左右移動打蠟機將蠟均勻塗在漆面上

圖 4-50b　繼續將蠟均勻塗開

圖 4-51a　海綿貼在漆面上，啓動打蠟機開始打蠟

圖 4-51b　不斷左右與十字交互移動打蠟機打蠟

圖 4-51c　打蠟

圖 4-51d　蠟乾涸時，可噴一點水讓蠟溶解

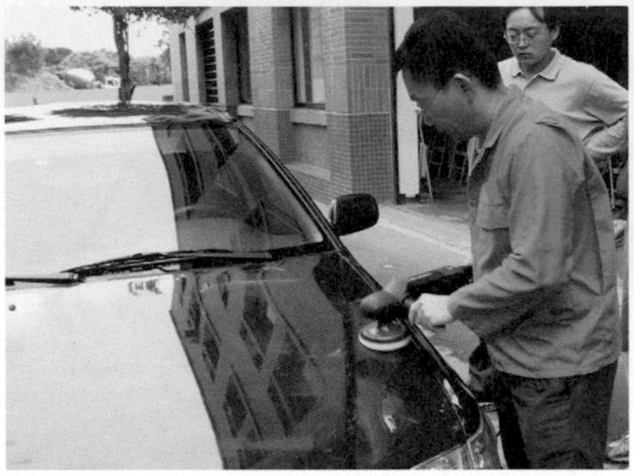

圖 4-51e　打蠟

圖 4-51f　打蠟

圖 4-51g　打蠟

圖 4-51h　打蠟

圖 4-52　擦除蠟粉(完成引擎蓋的打蠟工作，其餘之區域依上述要領繼續完成之)

(2) 打固態蠟

(a) 遮蓋玻璃：用報紙或布將玻璃遮蓋起來，以免打蠟時，蠟飛沾上玻璃(圖 4-53)。

(b) 塗蠟：用海綿沾蠟，將蠟均勻塗在漆面的一個施工區域上。(圖 4-54a、圖 4-55c)

(c) 啟動打蠟機打蠟：海綿輪貼在漆面上，啟動打蠟機開始打蠟(圖 4-55a~h)，打蠟時要不斷左右與十字交互移動，否則易造成鈑金發熱，乾涸及漆面受損等問題。若蠟乾涸時，可噴一點水，再進行打蠟工作。

(d) 擦拭：用棉布或棉紗線擦掉蠟粉(圖 4-56)。重複上述(b)、(c)、(d)的施工程序，直到全車漆面處理完畢為止。

圖 4-53　用報紙或布將玻璃遮蓋起來

圖 4-54　用海綿沾蠟，將蠟均勻塗在漆面上

圖 4-55a　海綿輪貼在漆面上，啟動打蠟機開始打蠟

圖 4-55b　打蠟

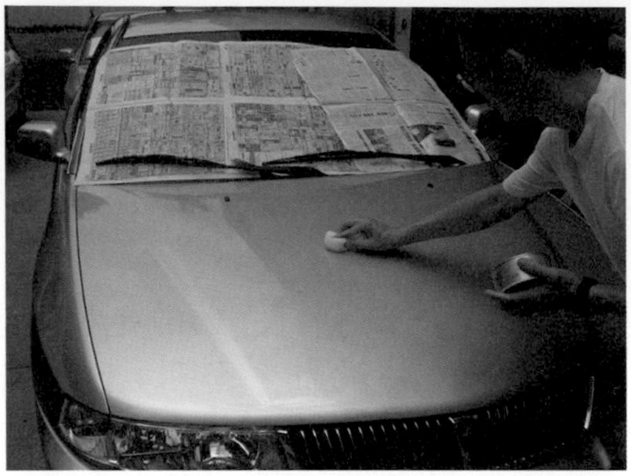

圖 4-55c　用海棉沾蠟，將蠟均勻塗在漆面上

圖 4-55d　打蠟

圖 4-55e　打蠟

圖 4-55f　打蠟

圖 4-55g　打蠟

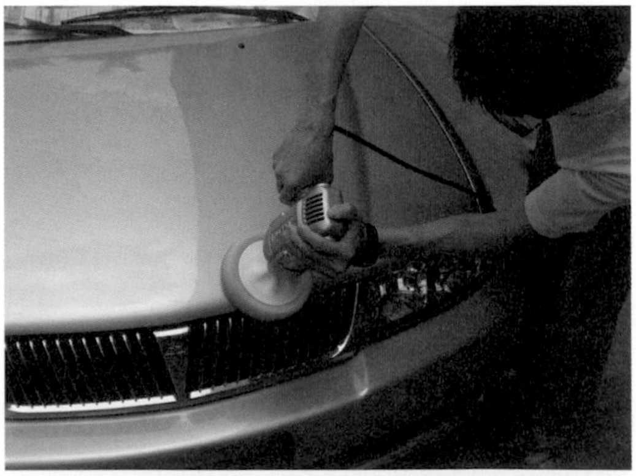

圖 4-55h　打蠟

圖 4-56　用棉布或棉紗線擦掉蠟粉

圖 4-57　用棉布或棉紗線擦掉蠟粉(依上述要領，處理其餘之漆面)

2. 美容蠟之操作程序：施工程序與上述漆面修護蠟相同，差異在於本單元使用美容蠟而已，故省略其圖示說明。
   (1) 塡蠟：與上述相同。
   (2) 均勻劃開蠟：與上述相同。
   (3) 啓動打蠟機打蠟：與上述相同。
   (4) 擦拭：與上述相同。
   (5) 二道美容蠟：其施工程序與上述(1)、(2)、(3)、(4)步驟相同。

貼心秘方

蠟之使用範圍

1. 使用修護蠟時，只能在漆面上施工，其他部位均不能使用，以免造成刮傷或污染之困擾。
2. 使用美容蠟時，漆面、塑膠及橡膠材料上均能施工，但玻璃及燈罩除外。

五、3M 汽車漆面處理

就是以修護蠟(Compound 粗蠟、Polish 中目蠟、Machine Glaze 鏡面蠟即細蠟，如表 4-1)，將金油層漸漸回復到平整狀態；再使用釉蠟及氟素蠟將鏡面長效保護，使漆面產生抗酸鹼、抗紫外線和耐磨抗污之狀況(如表 4-2)。

貼心秘方

1. 研磨劑就如同液體的砂紙。
2. 最先使用的研磨劑以必須參考最深的刮痕為主。
3. 以抓去前一道處理所造成的刮痕為選擇研磨劑的原則。

表 4-1　3M 汽車漆面拋光技術(原理學通、變化自如)

程序	前驟	步驟一(研磨)	步驟二(研磨)	步驟三
漆面狀況	柏油、殘蠟、水泥、油漆各種表面附著物	深刮痕、塵粒、橘皮或垂流	前一步驟所留下的細砂紙痕、氧化膜微刮痕、輕橘皮、油漬、水漬…等	前一步驟所產生的粗蠟痕、輪狀痕、水漬、油漬及顯色
項目	1. 車身清潔 2. 去除殘蠟、水泥	1200~1500號精密漆面砂紙重拋光	氧化層及去除砂痕(打粗蠟)	拋光處理(打中目蠟)
專業技術	洗車後、檢查漆面，去除柏油、殘蠟、水泥、油漆各種表面附著物等工作	使用水砂紙將深刮痕、塵粒、橘皮或垂流等刮痕變淺	粗蠟去除氧化膜微刮痕、輕橘皮，使刮痕變得更淺	中目蠟去除粗蠟痕、輪狀痕、水漬、油漬，使刮痕變得更細微
基本原理		砂紙磨前： 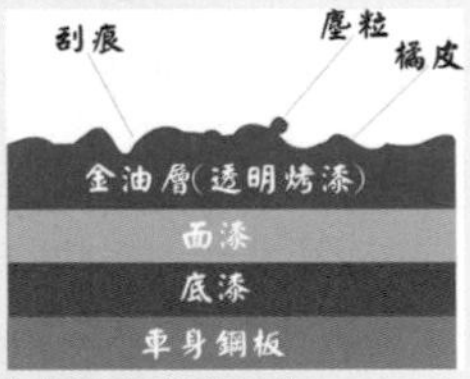 砂紙研磨後：  將漆面瑕疵細緻化	粗蠟處理  將漆面瑕疵更細緻化	中目蠟處理  將漆面瑕疵平整

表 4-2　3M 汽車漆面拋光技術(原理學通、變化自如)

程序	步驟四(拋光)	步驟五(保護)	步驟六(保護)
漆面狀況	前一步驟所產生的中目蠟痕或霧狀輪痕	金油層已鏡面化，但尚有細微凹陷須添平	交車前處理
項目	鏡面處理 (打細蠟)	上第一道美容蠟 (釉蠟)	上第二道美容蠟 (氟素蠟)
專業技術	細蠟處理使漆面達鏡面效果	將釉蠟填補漆面，並使它滲入金油層	用氟素蠟將漆面長效保護，使漆面產生抗酸鹼、抗紫外線和耐磨抗污之狀況
基本原理	細蠟處理  將漆面鏡面化(此已超過汽車出廠時漆面之標準)	第一道美容蠟  將漆面填縫上釉	第二道美容蠟  將漆面保護起來

(一) 漆面修護及保養

一般而言，汽車美容依漆面(金油層)狀況不同而區分，本單元僅就大美容、小美容及保養美容等三項進行介紹：

大美容

1. 前驟：去除柏油，殘膠等髒圬
   3M PN8984；PN 8987

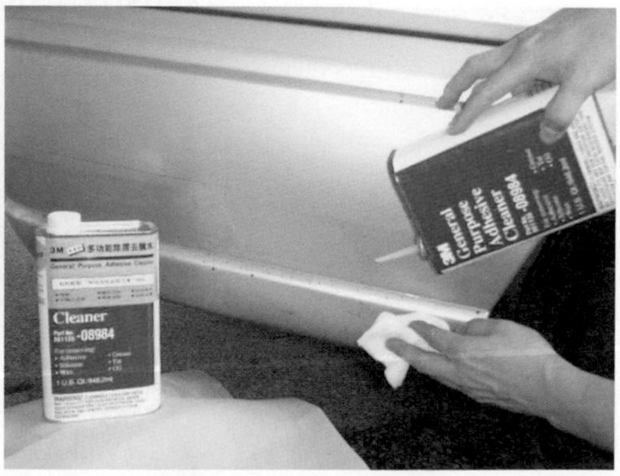

圖 4-58　前驟

2. 判斷漆面(金油層)的狀況，大致分為以下三種

(1) 漆面情況嚴重(刮痕、橘皮、垂流、鐵粉等……)

步驟一：使用水砂紙或乾磨砂紙整平漆面。

溼：3M 2023(#1500 番)或 2044 (#2000 番)配合 5518 橡膠刮板及 5526 海棉托盤。

乾：0952 機器美紋紙搭配 5273 砂紙海棉墊，以拋光機做漆面研磨整平。

圖 4-59　步驟一

圖 4-60　步驟二

步驟二：以拋光臘搭配細羊毛輪抓去砂紙痕。

3M 9502 拋光白臘+5713 黃羊毛輪。

步驟三：以鏡面臘搭配細海棉輪做鏡面處理以抓去拋光輪痕(對黑色車尤爲重要)。

3M9503 鏡面臘+5725 黑色海棉輪。

圖 4-61　步驟三

步驟四：釉臘填縫、整平。

3M5997 釉臘，建議以手工處理。

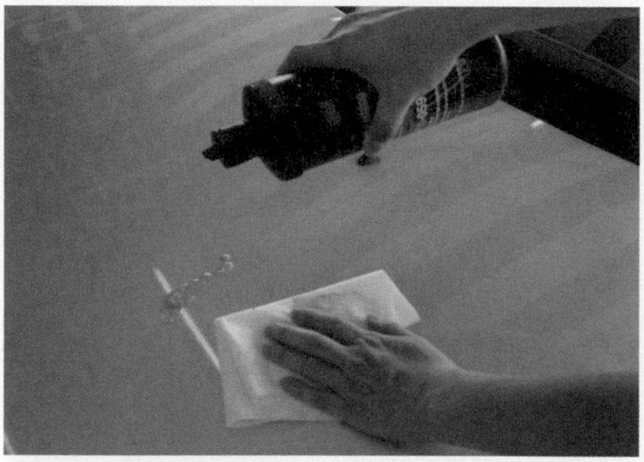

圖 4-62　步驟四

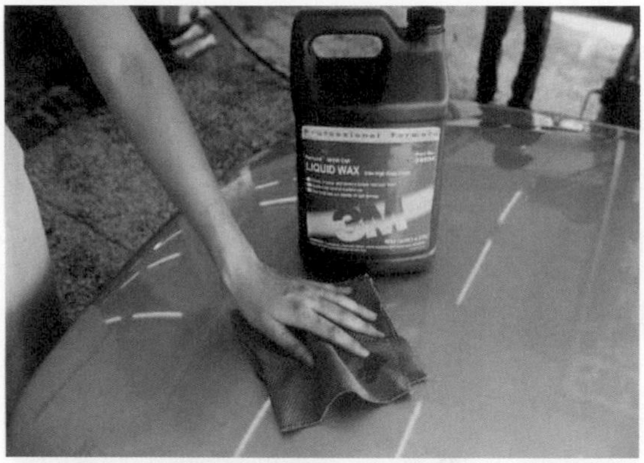

圖 4-63　步驟五

步驟五：上臘保護，將平整的金油層與空氣隔絕。

3M9504 乳釉臘+2011 精密擦拭布或以機器施工。

(2) 漆面一般刮痕或舊車全車大拋光(以不常保養的車爲主)

步驟一：使用粗臘配合粗羊毛輪，利用羊毛輪與粗臘的切削度一次處理漆面所有暇疵，比起用拋光臘重覆施工快得多……。

3M 9505 粗臘+5711 白羊毛輪+5718 Pad。

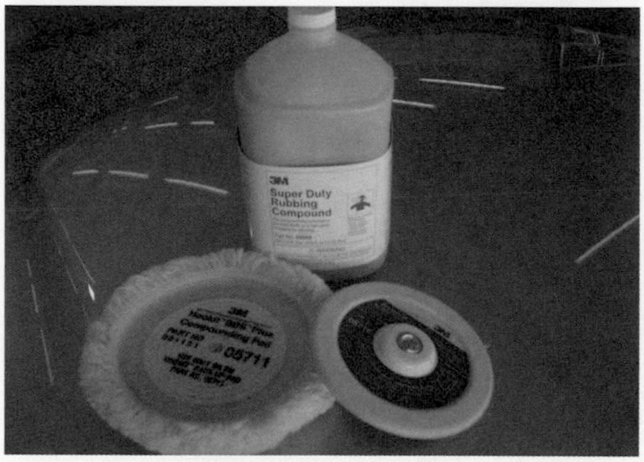

圖 4-64　步驟一

圖 4-65　步驟二

步驟二：以拋光臘搭配細羊毛輪抓去粗臘痕。

3M 9502 拋光白臘+5713 黃羊毛輪。

步驟三：以鏡面臘搭配細海棉輪做鏡面處理以抓去拋光輪痕(對黑色車尤爲重要)。
3M9503 鏡面臘+5725 黑色海棉輪。

圖 4-66　步驟三

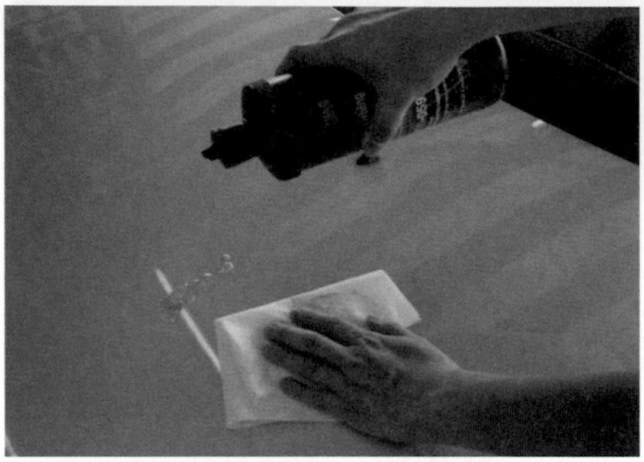
圖 4-67　步驟四

步驟四：釉臘填縫、整平。
3M5997 釉臘，建議以手工處理。
步驟五：上臘保護，將平整的金油層與空氣隔絕。
3M9504 乳釉臘+2011 精密擦拭布或以機器施工。

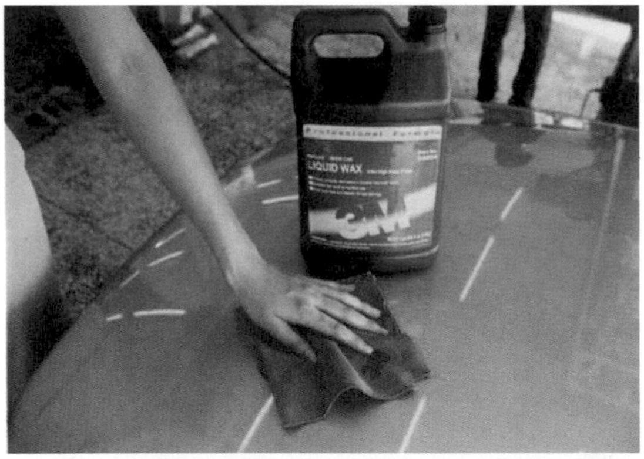

圖 4-68　步驟五

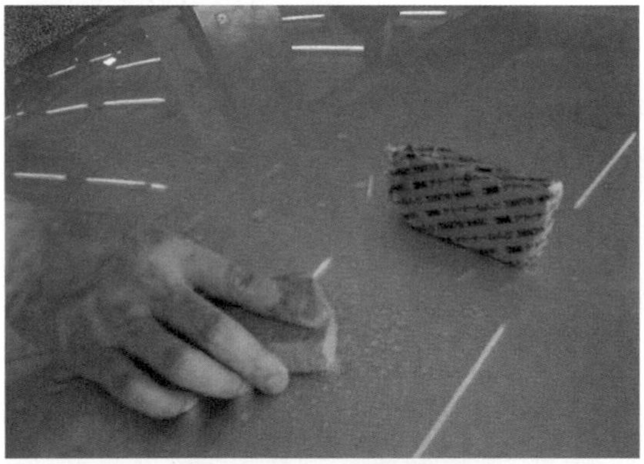
圖 4-69　步驟一

(3) 漆面輕微刮痕或塵粒與氧化膜
步驟一：以美容黏土去除沾附在金油層上的塵粒與與前道處理無法清除的頑垢。
3M 38070 美容黏土。

步驟二：以中粗臘配合較粗之海棉輪針對細刮痕或氧化膜及塵粒做清除。

3M 9501 粗臘+5723 白波浪海棉輪。

圖 4-70　步驟二

圖 4-71　步驟三

步驟三：以鏡面臘搭配細海棉輪做鏡面處理以抓去拋光輪痕(對黑色車尤為重要)。

3M9503 鏡面臘+5725 黑色海棉輪。

步驟四：釉臘填縫、整平。

3M5997 釉臘，建議以手工處理。

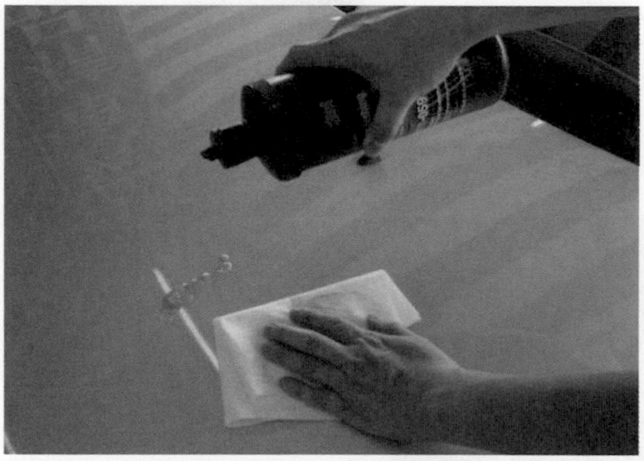

圖 4-72　步驟四

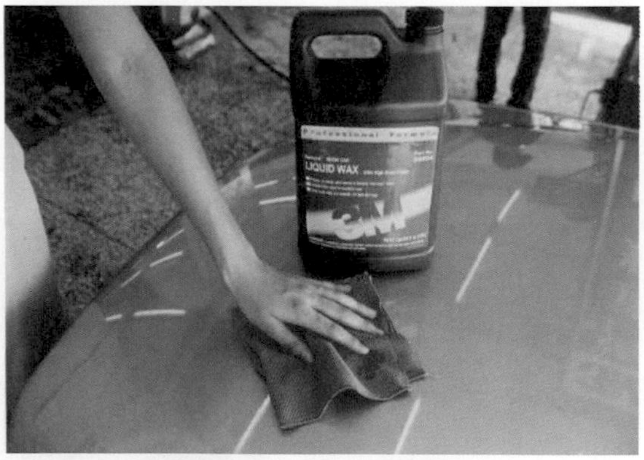

圖 4-73　步驟五

步驟五：上臘保護，將平整的金油層與空氣隔絕。

3M9504 乳釉臘+2011 精密擦拭布或以機器施工。

小美容

省去粗臘動作，直接拋光。

前驟：去除柏油，殘膠等髒圬。

3M PN8984；PN 8987。

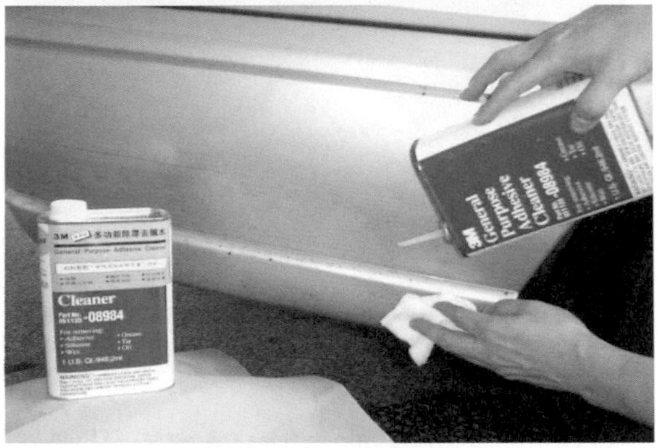

圖 4-74　前驟

圖 4-75　步驟一

步驟一：以拋光臘搭配細羊毛輪直接進行第一道手續，切削度之調整可以以羊毛輪或海綿輪之選擇來調整之。

3M 9502 拋光白臘+5713 黃羊毛輪(若切削度太強可改用 5725 黑色波浪海綿輪)。

步驟二：以鏡面臘搭配細海綿輪做鏡面處理以抓去拋光輪痕(對黑色車尤爲重要)。

3M9503 鏡面臘+5725 黑色海綿輪。

圖 4-76　步驟二

步驟三：釉臘填縫、整平。
3M5997 釉臘，建議以手工處理。

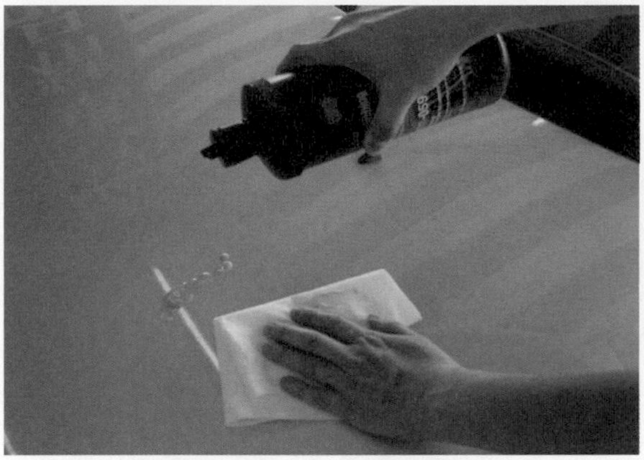

圖 4-77　步驟三

圖 4-78　步驟四

步驟四：上臘保護，將平整的金油層與空氣隔絕。
3M9504 乳釉臘+2011 精密擦拭布或以機器施工。

保養美容

最快速的美容。

前驟：去除柏油，殘膠等髒圬。
3M PN8984；PN 8987。

圖 4-79　前驟

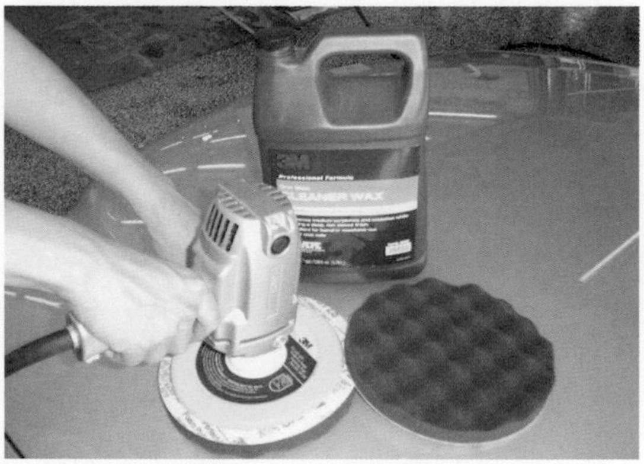

圖 4-80　步驟一

步驟一：以含有清潔、抛光及保護成分之多功能美容臘進行清潔；抛光、去氧化膜及顯色上臘保護一次完成(前提爲金油層是在較完好的狀態之下)。

3M 39866 四合一美容臘+5725 黑色波浪海棉輪。

步驟二：最後再以含氟素的保護臘(wax)進行保護並達到顯色及撥水功能，可搭配振動盤；打臘機落直接以手施工。

3M 33526 氟素臘+2011 精密擦拭布。

圖 4-81　步驟二

課後習題

1. 清洗引擎時應注意的事項為何？

2. 使用電腦洗車有何缺點？

3. 室內清洗之步驟為何？

4. 皮革保養時應注意的事項為何？

5. 說明漆面修護及保養之原理？

第 5 章 芬芳的世界

- 車內之異味
- 除臭方法
- 汽車芳香劑

一、車內之異味

食物腐敗、垃圾髒污造成細菌霉菌滋生(細菌霉菌最喜歡處在高溫潮濕環境下)、動物體味及排泄物、某些特定食物或塑膠燃燒味道、化學溶劑等，均爲產生臭味之原因。異味除了讓人聞得不舒服外，長期接觸一些有害物質也會對人體造成危害。常見車內之異味及處理方法介紹如下：

1. 新車內的空氣污染：根據專家研究 90% 的汽車都存在車內空氣品質問題，其中新車內的空氣品質最差，新車內的有害物質主要是來自於座椅、座套、腳墊、儀表板等內配飾件。一般塑化製品在製造過程中都會加入阻燃劑、定型劑、防腐劑和膠粘劑等化學物質，在汽車狹小且封閉的空間內會釋放出更多的有害物質，造成惡性循環。車內的有害物質主要是揮發性的有機溶劑較多，包括甲醛、苯。長期吸入這種低濃度的甲醛，會造成呼吸系統的傷害；而吸入苯會對人體的神經系統、造血系統造成傷害。其處理方法如下：

   (1) 多注意室內通風：汽車內的揮發性化學物質一般有半年的釋放期，所以新車期間應多打開窗戶讓異味散出，尤其開車前應該把送風量開到最大，打開窗戶沖淡異味，減少對人體之傷害。尤其夏天隨著天氣越來越熱，許多駕車人喜歡關閉車窗開空調，這種情況下車內有害物質的濃度會急劇增加，而且通過空調也會加重車內有害物質存積。所以開空調的時候也要經常讓室內外空氣對流，以降低有害物質的濃度。

   (2) 使用除臭劑：利用除臭劑將臭氣成分加以束縛住，使其無法擴散到空氣中，以減輕車內異味。

2. 空調發出異味：經常在車內吃東西、抽菸、使用過期的香水、地毯潮濕，甚至人體的體味，都是造成空調發生異味的起因。另外使用空調長時間選擇室內循環，此時因蒸發器長期處於潮濕的環境下，容易滋生黴菌，附著在蒸發器的霉菌臭味，會隨著冷氣出風而污染車內空氣。其解決方法如下：

   (1) 使用完冷氣之後，可將空調切換至送風狀態三分鐘，保持蒸發器的乾燥。
   (2) 勤於保持愛車的內部清潔，不要放置易腐壞食物在車內。
   (3) 在空氣清新的通風處，可將所有車門打開片刻，並將 A/C 放到最大，讓內外空氣做循環，使清新的空氣進入車內。
   (4) 使用冷氣系統除臭劑來殺菌防黴，如圖 5-1。
   (5) 使用空氣清淨機來淨化車內的空氣。

空調開關 on

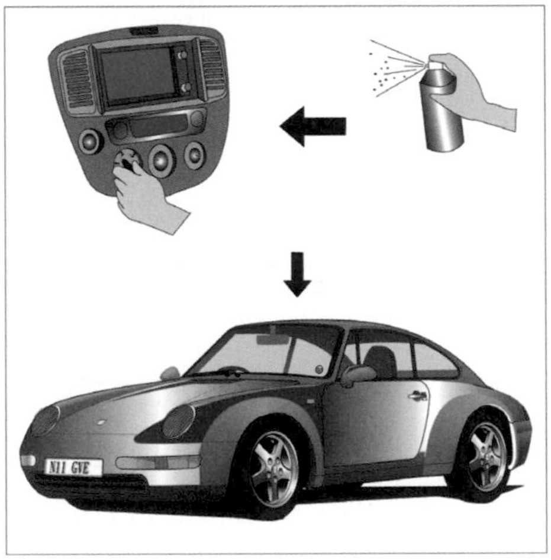

圖 5-1　噴霧式除臭劑之使用
1. 緊閉車門
2. 打開空調，室內循環 10 分鐘，讓除臭劑發揮作用

3. 駕駛室內的汽油味：到加油站加油時，油加太滿了或空調剛好切在室外循環換氣，都可讓濃濃的汽油味進入車內。油氣中的苯已被證實有致癌性，短時間接觸到高濃度油氣，會引起噁心、嘔吐、頭暈與愛睡等，若直接接觸到皮膚，皮膚會有乾燥與刺激的感覺。長期暴露於高濃度油氣，會對呼吸道與眼睛有刺激症狀、造成呼吸道、肺、肝、腎、神經系統、造血系統等病變。預防汽油味進入室內的方法如下：

   (1) 加油加到油槍跳起就好，可防止油氣從鈑金滲入車內，以維護車內空氣品質。
   (2) 到加油站加油時，空調切在室內循環，防止油味進入車內。
   (3) 使用芳香除臭劑吸除汽油味，以減輕車內油味。

4. 冷氣吹久了，常讓人精神不佳：除了空調發出異味讓人不舒服外，另外讓人精神不佳的主因是空調長時間選擇室內循環，在密封空間的空氣不斷循環下，造成二氧化碳濃度不斷升高，使駕駛人精神不佳，導致行車危險。其解決方法如下：

(1) 空調發出異味，其解決方法請參考上述方法。

(2) 車內氧氣濃度不足時，可短暫把空調切換到外部循環取得足夠的氧氣濃度，讓車內空氣清新。在行駛到郊區的空氣清新處，可將所有車門打開片刻，讓清新的空氣進入車內。

■ 二、除臭方法

目前具有除臭作用的物質不下百種，而這些物質的除臭原理並不十分確定，因爲其成分非常複雜。不過仍可將除臭機制區分爲兩大類：第一種是化學方式，將具有臭味的成分，轉變爲不具臭味的成分(化學反應法)，或將臭味給以壓制(感覺型除臭)。第二種是物理吸附方式，將臭味成分加以吸附住，使得臭味無法擴散開來，以降低臭味濃度。除臭的第一個步驟是先清除臭源，臭源移除後，可能還有異味仍殘留室內、最後再用化學或物理方式來清除殘餘的臭味，其除臭的方式介紹如下：

(一) 化學方式：

依照反應方式可分爲兩種類型：

1. 化學反應除臭：

(1) 化學反應法：化學反應的種類有氧化還原反應，中和反應，加成／濃縮反應，離子交換反應及加硫反應等。大多數臭味成分，如硫化氫，阿摩尼亞等，其化學反應性是屬於比較高的族群，因此可以利用化學反應，將臭氣分子加以破壞。例如二價鐵離子是一種很容易與阿摩尼亞、甲硫醇進行中和反應，使阿摩尼亞、甲硫醇這類型的臭氣分子被破壞。

(2) 其他化學消臭或殺菌產品：細菌、黴菌等微生物喜好陰濕、溫暖、富營養無毒害之場所。使用化學物質殺死微生物，或抑制其生活，使它無法繁殖活動。如放射線、超音波、有機無機化學物質、臭氧殺菌等(臭氧 O_3 少量時類似草腥味，濃度較高類似蒜臭味，具有強大氧化力，在氧化過程中殺菌、除臭。但其濃度太高會對人體造成副作用，例如人長時間暴露於臭氧量 1~2ppm 濃度會有喉嚨不適感，5~10ppm 會有頭痛、頭暈感覺，所以臭氧作用時，空間應保持通風或有空調循環的環境。汽車使用小型臭氧機產生少量低濃度臭氧 O_3 是可以接受的；使用高濃度大型臭氧機時，人員必須離開車內，以免產生臭氧 O_3 中毒)。

2. 感覺型除臭：此型除臭的原理與一般芳香劑相似，屬於比較被動式的除臭。依作用方式的不同，可分爲三類：

(1) 芳香類化合物：
這類化合物與臭氣分子混合時，會將氣味改變，進而壓制臭味分子的氣味，降低臭味成分的味道。這一類物質主要有檸檬醛、樟腦、胡椒醛等。

(2) 中和性化合物：
兩種味道的物質混合在一起時，會產生相互抵消的效果，使臭味的感覺變弱。這類物質主要是以揮發性植物油爲主，如肉桂皮、柑橘油、檸檬油等。

(3) 遮蓋性化合物：
當味道更濃或比較強烈的物質混入臭氣時，往往只能聞到這個強烈的味道，利用這種嗅覺上的盲點，來避免臭味。這類物質如焦木酸、乙酸苯甲酯、乙酸苯酯等。

(二) 物理方式

1. 通風稀釋：打開車窗增加通風量，以降低臭味濃度。

2. 吸附法：利用除臭劑與臭氣分子間的凡得瓦力，將臭氣成分加以束縛住，使其無法擴散到空氣中，以降低臭味。但這是一種平衡反應，在吸附濃度過高或溫度的升高等環境變化時，都會使得臭氣成分被釋放出來。故使用上應注意經常將吸附劑的活性還原(恢復功能)，也可以使用化學吸臭材料將異味吸除。常見的吸附劑是活性碳、矽膠、鋁膠、活性黏土和其他具有高比表面積的多孔物質。

3. 其他物理消臭或殺菌產品：作用物質不完全殺死微生物，在該物質有效作用期間，將其逼近似假死休眠狀態，抑制其生活或繁殖活動。如過濾、乾熱、高溫蒸氣(完全殺死微生物)、低溫冷凍等。

4. 傳統除臭法：最原始、天然、無副作用之消臭法，敘述如表 5-1：

貼心秘方

臭氧機，一般稱為空氣清淨機，利用臭氧 O_3 殺菌、代謝髒空氣，使空調系統產生清新的好空氣。

表 5-1

種類	除臭原理
檸檬皮	柑桔類水果皮中含有大量化學結構帖類成分，是天然良好的殺菌消臭劑，如圖5-2所示。
柚子皮	
桂花	利用桂花濃郁之香氣可遮蓋不良之異味。
茶葉	吸除不良之異味，如圖5-3所示。
咖啡渣	
木炭	利用木炭多孔隙結構，當空氣透過時，將異味分子過濾，並保留於孔隙中而達到消臭目的。

圖 5-2　檸檬皮有良好除臭效果

圖 5-3　咖啡渣亦有不錯的除臭效果

■ 三、汽車芳香劑

高級香水是由幾種香精加上酒精經由複雜的製造程序而成，其香味依時間產生的變化，可分爲前味、中味和後味三大階段。前味是噴香水後即可聞到的香味，主要就是以檸檬醛或香料爲主的高揮發性香料，這種香味在揮發性過後馬上就會失去香味。繼前味揮發後散發出的香味是中味(噴後 30 分鐘 ~1 小時左右)，這種香味的主題和特徵很強烈，主要是指花香系和果香系，最後散發出的香味稱爲後味(擦後 3 小時以上)，又稱爲餘香，主要是指樹木或動物性香。汽車香水價格較便宜，不會像高級香水般的製造方式。一般汽車香水是由幾種香精加上溶劑調製而成，其最大功效是產生芬芳的氣味，遮蔽或中和臭源，無殺菌的功能(有部分香料仍有殺菌的功能)。汽車不只要求有芬芳的香味而已，還要有積極的殺菌及除臭的功能，因此芳香劑才因應而生，其相關知識簡介如後。

(一) 芳香劑的組成

1. 香料：一種香味的形成，是從數千種以上的香料中選出少則數種，多則數百種的香料配置而成的。古時候只能用天然香料製造香水，但因天然的東西會受到季節及天候影響，生產量也不高，才會漸漸轉爲使用合成香料；也是託種類繁多的合成香料之福，才能創造出現今蓬勃發展的芳香世界。其種類介紹如下：

(1) 天然香料：

① 植物性香料：花、葉、果實、果皮、種子、樹脂、樹皮、樹幹、根、莖等部位抽取出的香料，天然香料幾乎都是屬於植物性。例如茉莉花、薰衣草、玫瑰花等，如圖 5-4 所示。

圖 5-4　有些植物的花可萃取出天然香料

② 動物性香料：某些特定動物的生殖腺分泌液或異常的分泌液中抽取的香料，這種

香料的香味持續性高是製造香料不可或缺的原料。例如龍涎香、麝香、海貍香等。

(2) 人工香料：

① 合成香料：分析天然香料的成分，用化學方法製造出構造非常相近的香味，像合成樟腦、檸檬醛等都屬於合成香料。

② 單離香料：從植物性的香料精油中，只萃取單一主成分的分離技術，例如從薄荷油中，依單離精製法獲得的薄荷腦。

PS：精油的分子較小，香味較淡持久性較差，較易被皮膚吸收，通常加入植物油稀釋用於芳香療法。香料的分子較大，香味較濃持久性較佳，用於室內芳香效果佳。通常會選用香料製造芳香劑，芳香效果較精油佳。

2. 除臭劑：有化學除臭劑及物理除臭劑兩大類，詳細資料請參閱本章第二節除臭的方法。

3. 溶劑：溶劑可降低香料的黏度(助溶)，協助或控制香料揮發的速度。油性芳香劑要用油性溶劑才能相溶(如酒精)，油性溶劑種類非常多，選擇不同的溶劑，可以有效控制芳香劑揮發速度；水性芳香劑的溶劑是水。

4. 乳化劑：香料一般爲油性，如果要製造成水性芳香劑，一定加入乳化劑才能讓油性香料與水相溶合在一起。乳化劑一般在 60℃以上會產生變質，因此水性芳香劑要放在冷氣出風口、吊掛在車頂或地板上，以避開室內高溫。

5. 防腐劑：添加防腐劑是爲了預防芳香劑在儲存過程中發生變質。

6. 填充氣體：噴霧式芳香劑必須填充高壓氣體，以協助噴出霧狀芳香劑氣體。油性芳香劑使用 LPG(丙烷、丁烷)當溶劑及填充氣體；水性芳香劑使用液態氮當高壓填充氣體。

7. 載體(carrier)：除了香料及除臭劑之外，其它添加物均稱爲載體，例如溶劑、洋菜粉、顆粒狀塑膠材料、多孔性高分子材料、樹膠、香膠等。

8. 容器：用來裝填芳香劑的器皿，常見的容器有金屬瓶、玻璃瓶及塑膠瓶。塑膠在 60℃左右就會變質，所以塑膠瓶裝的芳香劑不適合放在儀表板上。

(二) 汽車芳香劑的製造

由於汽車室內的溫度變化很大且每一點都不一樣，車內的空氣溫度與儀表板溫差可達 30℃以上。例如夏天車子停在大太陽底下，車內空氣溫度達到 40~50℃時，儀表板溫度已達到 50~70℃以上的高溫。在這麼酷熱的環境下，如何讓芳香劑不變質且能發揮其功效，是一項嚴酷的考驗。因此知名廠商製造芳香劑之前會慎選耐高溫香料、除臭劑、溶劑等材料，且產品經過嚴格的實驗測驗，才能確保其商品的品質及功效。汽車芳香劑大致可區分爲噴霧式、液體式、凝膠(固體)式、顆粒式等四種型態，同時這些芳香劑又可再區分爲油性及水性兩種。每家廠商製造的方法大致相類似，只有在選材及設計上各有不大一樣的玩法。此四種芳香劑製造的方法簡單介紹如下：

1. 噴霧式：芳香劑噴出來就是霧狀，揮發快，芳香、除臭及冷卻效果佳。有金屬罐裝及塑膠罐裝兩種(使用此種芳香劑時，一定要嚴禁煙火，不然會有引起火災之虞)。

   (1) 金屬罐裝：用手一按即可噴出芳香劑，使用方便。
   芳香劑成分：由香料、除臭劑、溶劑(油性：丙烷、丁烷「LPG」或酒精。水性：水、乳化劑)、防腐劑、塡充氣體(油性：丙烷、丁烷 LPG。水性：液態氮)等材料組成。金屬罐可耐 13atm(kg/cm^2)以上的壓力，不可放在儀表板上，以免因高溫而產生爆炸的危險，一般建議不要使用在汽車上。

   (2) 塑膠罐裝：用手擠壓即可噴出霧狀的芳香劑，又稱爲 pump 式。
   芳香劑成分：由香料、除臭劑、溶劑(油性：酒精。水性：水、乳化劑)、防腐劑等材料組成。

2. 液體式：液體式與噴霧式的差異在於不用塡充壓力氣體，酒精含量較高。

   芳香劑成分：由香料、除臭劑、溶劑(油性：酒精。水性：水、乳化劑)、防腐劑等材料組成。

3. 凝膠(固體)式

   芳香劑成分：由香料、除臭劑、溶劑(油性：酒精。水性：水、乳化劑)、載體材料(洋菜粉「高溫時是液體，冷卻後變成凝膠狀」或樹膠或香膠「如沒藥，白松香等」)、防腐劑等材料組成，如圖 5-5、5-6 所示。

4. 顆粒式

芳香劑成分：由香料、除臭劑、溶劑(油性：酒精。水性：水、乳化劑)、載體材料(乙烯醋酸乙烯「EVA」是一種多孔性塑膠 polymer 吸收力很強的材料)、防腐劑等材料組成。

PS：油性芳香劑以油類爲溶劑，成本較高，通常會製成高濃度小容量、產品設計富變化；水性芳香劑以水爲溶劑，成本較低，通常會製成低濃度大容量，產品式樣較單調。

圖 5-5　固體除臭劑：備長碳有效吸除臭味分子

圖 5-6　固體芳香劑：銀離子可有效截斷黴菌滋長；消臭劑可分解飄散的臭味分子

(三) 汽車芳香劑的選用

芳香劑與香水最大的差異在除臭效果，芳香劑的除臭效果較好，其他的成分幾乎相同，而香料是共同的成分。天然與合成香料其化學結構是相似的，不一樣的是天然香料是種不純物質，含有一些微量元素，某些微量元素被宣稱有某種療效，人類很難製造完全與天然香料相同的成分，所以一般人會認爲天然香水品質較好；合成香料是種很純的化合物，取得容易。通常汽車香水是由少量的天然香料加上合成香料及酒精所製成的。汽車芳香劑選用的原則如下：

1. 選用成分標示清楚及知名品牌的香水較有保障。(PS.芳香劑與香水中，爲了要幫助香氣擴散會添加部分溶劑，通常以酒精(乙醇)爲主，但有不肖廠商會使用工業酒精代替，因其成分較不純，可能內含有甲醇(無色無味有毒，造成視神經傷害)，所以購買時還是要選擇有知名品牌的產品較安全。)
2. 芳香劑(香水)味道要符合自己的嗅覺，用鼻子聞一聞，如果聞到的香味感到愉快、清爽即可。
3. 用玻璃瓶裝的芳香劑(香水)較不易變質。有些香水瓶的出口是可調整的，車主可依天氣變化自行調解其香味濃度。
4. 溫度或濕度越高，香水香味變得更濃烈，越讓人覺得嗆鼻。所以夏天應選擇較清淡的香水，避免使用水果味或花香味的香水，因爲水果香及花香香水在高溫下易變質。
5. 長期駕駛人可考慮選擇提神醒腦的香水，如薄荷香水，木質芬多精，檸檬醛類香水。

(四) 汽車芳香劑的發展

隨著科技的進步，人們對健康、舒適性的要求愈來愈高，在車上使用芳香劑除了產生芳香，殺菌及除臭的功能外，同時也必須達到提高人們生活品味的要求，未來汽車芳香劑會朝幾個方向發展，第一、加入養生保健的觀念：人們壽命延長，生活品質不斷提昇，會廣泛地把目前最熱門的芳香療法(aroma therapy)應用到汽車上。第二、產品設計多樣化，更強調對視覺的吸引：講究容器外觀、顏色及材質的設計，產品內容造景更是千變萬化，例如有些芳香劑是製成三層的形式(一層油性一層水性)，有些芳香劑設計成海灘造景、人物情節等，使商品兼具實用價值及精神享受，如圖 5-7 所示。第三、商品更具智慧化，可自動偵測及調節芳香劑濃度，甚至在車上可存放含有芬多精乾淨空氣，當室內外空氣不佳時，可以自動提供乾淨的空氣等。總之，在這個快速變動的年代，知識結合巧思，可以創造出無數令人心動的商品。

圖 5-7　可愛的芳香劑造型

課後習題

1. 一般除臭的步驟為何？
2. 傳統所使用的天然除臭材料有哪些？
3. 汽車芳香劑大致可區分為幾種型態？
4. 精油與香料有何差異？

第 6 章

美容奈米篇

- 奈米是什麼
- 奈米蠟
- 奈米鍍膜施工

在日常生活中，奈米(nanometer)這個名詞，到處都可聽到或看到它的蹤跡。奈米的用途非常廣泛，如資訊家電、電子、醫療保健、生化、能源、環境、物理、化學、材料等各領域上。而奈米科技被視爲引發第四次產業革命的關鍵因素，因此世界各國均投入龐大的資金、設備、人力及物力，希望在技術研發、設施建構與人才培育居於領先的優勢。無疑地，奈米是 21 世紀最熱門的研究主題，其技術在汽車美容上的應用，是本章關心的重點。

一、奈米是什麼

沙粒	微生物	細胞	細菌	病毒	高分子	分子	原子
↓	↓	↓	↓	↓	↓	↓	↓
1mm	100μm	10μm	1μm	100nm	10nm	1nm	0.1nm

★ 1μm(微米) = 10^{-6}m　　☆ 1nm(奈米) = 10^{-9}m

圖 6-1　微觀世界下的單位

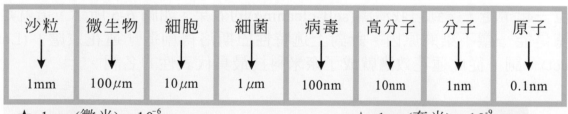

奈米到底是什麼？奈米是『長度』的單位。1nm(奈米)＝10^{-9}m(十億分之一公尺)。一奈米的尺寸大約只有分子的大小、一個金屬原子直徑的 2~3 倍大小或一根頭髮直徑的 30,000 分之一大小，如圖 6-1。任何東西只要能做到接近 10^{-9}m 大小就可稱爲奈米級。奈米結構具有尺寸小、高表面／體積比、高密度堆積等特徵。奈米科技便是運用我們對奈米系統的瞭解，將原子或分子製作成新的奈米結構，並以其結構爲「建築磚塊」，由小而大(bottom up)加以製作、組裝成新的材料、元件或系統。例如，許多電子元件做到奈米等級，就可以把東西越做越小；食品、藥物或化妝品做到奈米等級，就可以容易被人

體所吸收；洗手台、衛浴、馬桶、汽車蠟、塗料或玻璃達到奈米等級，就不容易留下灰塵，水一沖就乾淨。

二、奈米蠟

蓮花(圖 6-2)具有出淤泥而不染的特性，被中國文人尊稱爲花中君子，這種特性世人並不陌生；但眞正有系統地研究與分析是從 1997 年開始，由德國植物學家巴斯洛得(Bartholtt)教授針對這個現象進行一系列的研究，他發現蓮葉的表面具有大小約 5~15 微米細微突起的表皮細胞(epidermal cell)，表皮細胞上又覆蓋著一層直徑約 100 奈米的蠟質結晶(wax crystal)，如圖 6-3。蠟質結晶本身具有疏水性(hydrophobicity)的化學結構，當水與這類表面接觸時，會因表面張力而形成水珠，如圖 6-2，再加上葉面細微結構的幫助，使水珠與葉面的接觸面積變小而接觸角 θ(contact angle)變大(接觸角是指固體表面與液體之間的夾角，小於 90° 稱爲親水性表面；大於 90° 稱爲疏水性表面；若大於 140° 則稱爲超疏水性表面，如圖 6-4)，因此更強化了疏水性，同時也降低污染顆粒對葉面的附著力。一般水珠與葉面的接觸角會大於 140° ，只要葉面稍微傾斜，水珠就會滾離葉面。另外，滾動的水珠也會順便把一些灰塵污泥的顆粒一起帶走，達到自我清潔(self-cleaning)的效果，如圖 6-5 所示，這就是蓮花總是能一塵不染的原因。針對上述特性巴斯洛得創造「蓮花效應」(Lotus effect)一詞，從此蓮花效應就成了奈米科技最具代表性的名詞。

圖 6-2　蓮花(Lotus)

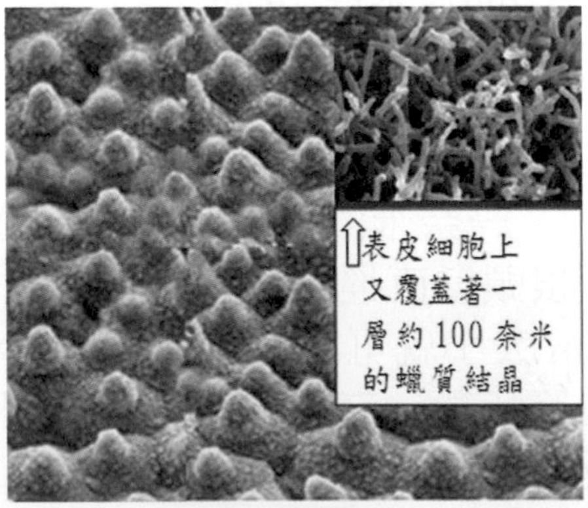

圖 6-3　蓮葉表面 5~15 微米突起的表皮細胞

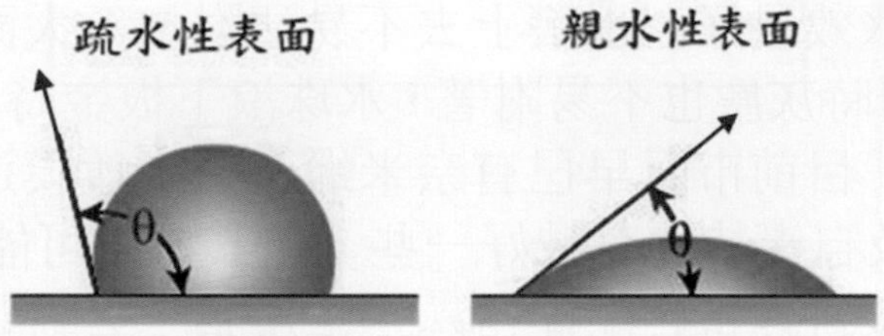

圖 6-4　接觸角越大，液體越不易潤濕及吸附在接觸面上

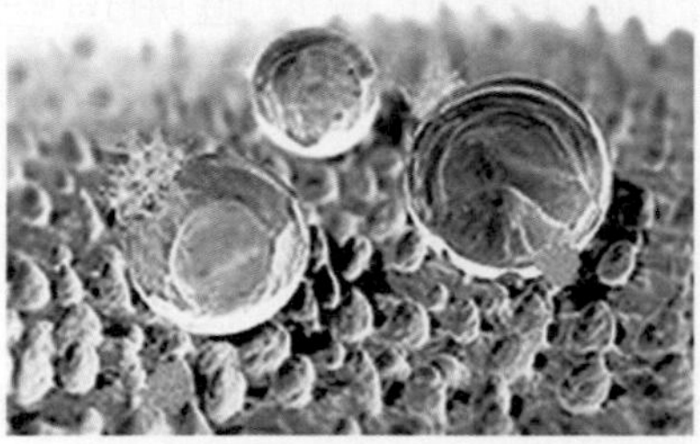

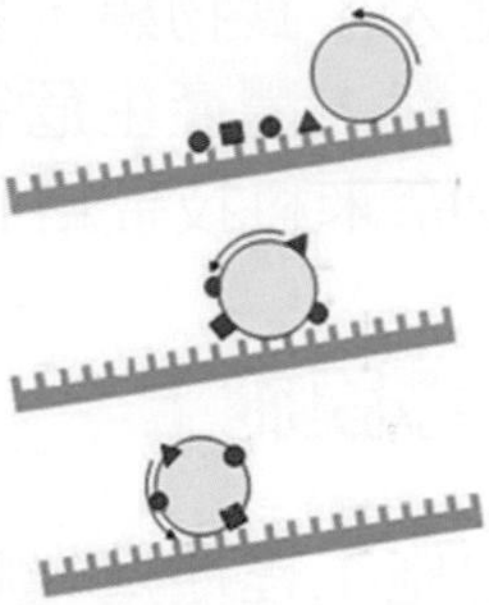

圖 6-5　左圖在高倍顯微鏡下，水珠在蓮葉上的微觀組織。右圖為水珠滾下蓮葉時，能把一些灰塵污泥顆粒一起帶走，自我清潔的示意圖

奈米蠟的概念是從蓮花效應中啓發而來的，只要蠟的顆粒可作到奈米等級，就可以像蓮葉具有疏水及自潔的特性。一般蠟本身就具備疏水、不吸水的特性，落在蠟面上的雨水會因表面張力的作用形成水珠；奈米級的蠟更會降低污染顆粒對蠟面的附著力(污染顆粒大小約 1mm，蠟的顆粒約 10~100nm，好像一顆玻璃珠放在針尖上)，同時，奈米蠟也讓水珠與漆面的接觸角變得更大，只要車身稍微傾斜，水珠就會滾離漆面，順便把灰塵污泥的顆粒一起帶走，達到自我清潔的功效。另外，奈米鍍膜是目前市面上很響亮的汽車美容新名詞，它是由研究單位轉移民間工廠的技術，原本的名稱叫表面改質技術，業者自行量產及行銷包裝之後稱爲××奈米鍍膜、隱××鍍膜或鑽×鍍膜等名稱。

奈米鍍膜主要成分是有機溶劑(如正己烷)、二氧化矽(SiO_2)及蠟所組成。它的原理是將二氧化矽(SiO_2)及蠟加入有機溶劑中溶解，形成粒徑 100 奈米以下的膠體，用噴槍將這種膠體均勻噴灑在汽車面漆上，最後溶劑揮發後，漆面會長出奈米級的微細纖毛(此稱爲溶膠凝膠法)。此種鍍膜有較高硬度，較不怕磨損和刮傷；疏水效果好，水潑上去不易沾附，下大雨時可看到水滴串成粒粒珍珠般落下；同時灰塵也不易附著，水珠滾下板金時可順便把灰塵帶走，自我清潔的效果佳。目前市面早已有奈米蠟及奈米鍍膜這類的產品，它們比一般美容蠟的疏水及自潔特性有較好一些，但其價格可能要貴上好幾倍。

另外，使用奈米科技也有一些風險，近年來，有科學家指出奈米材料會隨著使用時間脫落，以現有的廢水處理及過濾系統，都無法處理這些脫落的奈米粒子，這些粒子會不會對人體與環境造成傷害？如果細菌吃了這些奈米粒子，使它們進入了食物鏈，會有什麼影響？另外，食品、醫藥與化妝品奈米化後，是否會對人體產生危害？我們必須先正視及避開這些可能造成的危害，才能讓享受奈米科技帶給我們的便利及好處。

■ 三、奈米鍍膜施工

奈米鍍膜的施工程序是先把車身沖洗乾淨、其次在車身面漆噴上一層蠟(噴蠟的主要成分是蠟及甲烷或乙烷組成)；如果面漆有刮痕時，就直接做拋光打蠟即可、最後再用噴鎗噴上膠狀鍍膜材料，等有機溶劑揮發後，形成一層奈米鍍膜保護層。也就是面漆與奈米鍍膜間要先有一層蠟保護，否則膠體鍍膜中的有機溶劑會有傷害面漆之虞。另外，奈米鍍膜材料也會隨著使用時間而脫落，所以在一至二個月內一定要再噴上一層噴蠟，才能保持其撥水效果。

噴蠟及奈米鍍膜中均含有易燃的有機溶劑；另外，奈米鍍膜中含有很細的奈米級顆粒，施工時除了要避開火源、注意通風問題外，施工人員更應穿上防護衣、戴 N95 口罩及防護眼鏡，因爲吸入此氣體或暴露其中，可能會刺激眼睛、皮膚、喉嚨及中樞神經系統等，對健康有極大的危害。下一單元施工流程圖例中，施工人員未穿上防護衣或戴防護眼鏡，是個錯誤示範動作，同時施工過程對環保也有一點不利的影響。希望由本單元的介紹，可讓讀者對奈米鍍膜施工及施工衛生觀念有初步的認識。

(一) 奈米鍍膜施工流程

1. 鋼圈噴上鋼圈清洗劑→強力水柱沖洗車身→噴泡沫清潔劑，如圖 6-6a、b，6-7a、b，6-8 a、b 所示。

圖 6-6a　噴鋼圈清洗劑於左側前後鋼圈上

圖 6-6b　噴鋼圈清洗劑於右側前後鋼圈上

圖 6-7a　強力水柱沖洗車身

圖 6-7b　強力水柱沖洗車身

圖 6-8a　車身噴泡沫清潔劑

圖 6-8b　車身噴泡沫清潔劑

2. 海綿刷洗→強力水柱將泡沫沖洗乾淨→噴泡沫清潔劑，如圖 6-9a、b，6-10a、b，6-11a、b 所示。

圖 6-9a　用海綿刷洗車身

圖 6-9b　用海綿刷洗車身

圖 6-10a　強力水柱沖洗泡沫

圖 6-10b　強力水柱沖洗泡沫

圖 6-11a　全車噴泡沫清潔劑

圖 6-11b　全車噴泡沫清潔劑

3. 面漆及玻璃跑瓷土(去除顆粒污染物，如油漆塵、鐵粉、硬柏油等)→用強力水柱將泡沫沖洗乾淨，如圖 6-12a、b，6-13a、b 所示。

圖 6-12a　全車面漆跑瓷土

圖 6-12b　全車玻璃跑瓷土

圖 6-13a　強力水柱沖洗泡沫

圖 6-13b　強力水柱沖洗泡沫

4. 將烤漆表面的水稍微擦拭(不需完全擦乾)，如圖 6-14a、b 所示。

圖 6-14a　用吸水布擦除面漆上的水分

圖 6-14b　用吸水布擦除面漆上的水分

5. 用布遮蓋玻璃，將噴蠟均勻噴在烤漆表面(面漆上有刮痕時，就直接做拋光，不用再做噴蠟)，如圖 6-15a、b，6-16a、b 所示。

圖 6-15a　前車蓋及擋泥板噴上蠟

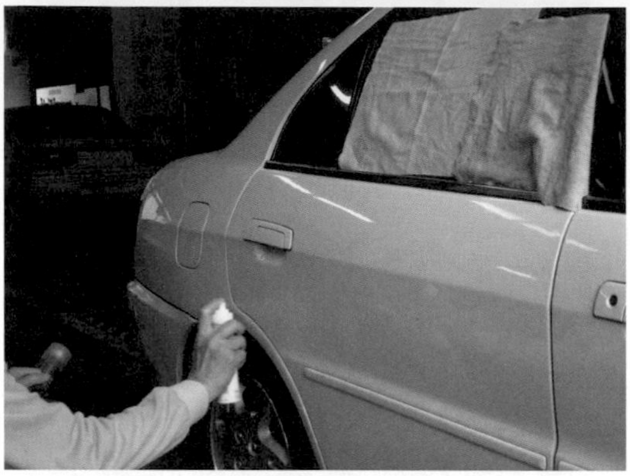

圖 6-15b　左側前後車門及擋泥板噴上蠟

圖 6-16a　後行李箱蓋板噴上蠟

圖 6-16b　車頂及右側前後車門及擋泥板噴上蠟

6. 用微濕的布，將烤漆表面的水擦乾(順便將烤漆面噴蠟擦拭均勻)；最後用乾布，將烤漆面擦至光亮即可，如圖 6-17a、b 所示。

圖 6-17a　用微濕的布將烤漆表面的水擦乾

圖 6-17b　用乾布將烤漆表面擦至光亮

7. 施工者戴上 N95 口罩及防護設備。用小於 0.5mm 噴鎗均勻的噴灑奈米膠體在全車烤漆、玻璃、鋼圈、後視鏡及保險桿上，如圖 6-18a、b，6-19a、b，6-20a、b 所示。

圖 6-18a　將膠體材料倒入噴鎗內

圖 6-18b　前車蓋、擋風玻璃及擋泥板噴上膠體材料

圖 6-19a　右側車體、玻璃及鋼圈噴上膠體材料

圖 6-19b　車頂、後擋風玻及行李箱蓋板噴上膠體材料

圖 6-20a　左側車體、玻璃及鋼圈噴上膠體材料

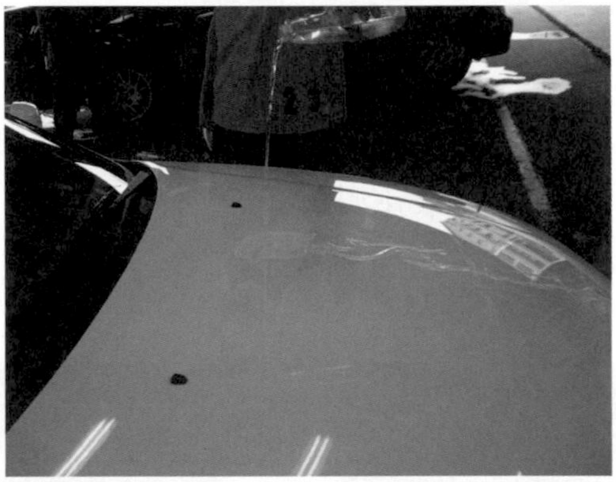

圖 6-20b　全車經過奈米鍍膜處理後，撥水性特佳

課後習題

1. 何謂奈米？

2. 奈米蠟的概念及特性為何？

第 7 章
3M 汽車美容簡介

- 車身清潔流程
- 室內清潔流程
- 打美容蠟流程
- 玻璃清潔、輪胎及飾件保養流程

目前市面有許多汽車美容業者如：3M、愛華黛、卡氏、米羅、美國雷射釉等，這些美容業者本身可能是專業的製造商或產品的代理商，提供對車身美容良好的產品，同時也提供正確的施作程序，不管讀者是否使用此類產品，其中有些知識及施工程序，是可以拿來靈活運用的。3M 汽車美容是國內外許多車廠所接受的產品，本章將簡單地介紹 3M 汽車美容的小美容施工流程，撰寫順序分爲車身清潔、室內清潔、打美容蠟、玻璃清潔、輪胎及飾件保養等流程，讀者瞭解每一個單元的施工方法後，可以自行調整施工流程，只要不相互影響即可。

一、車身清潔流程

1. 噴鋼圈清洗劑於鋼圈上(圖 7-1a~d)

圖 7-1a　噴鋼圈清洗劑於右前鋼圈上

圖 7-1b　噴鋼圈清洗劑於右後鋼圈上

圖 7-1c　噴鋼圈清洗劑於左後鋼圈上

圖 7-1d　噴鋼圈清洗劑於左前鋼圈上

2. 車身飾條以下噴柏油清潔劑(圖 7-2a~d)

圖 7-2a　飾條以下噴柏油清潔劑

圖 7-2b　保險桿噴柏油清潔劑

圖 7-2c　飾條以下噴柏油清潔劑

圖 7-2d　飾條以下噴柏油清潔劑

3. 用高壓水柱由上而下、近而遠沖洗全車(圖 7-3a~h)

圖 7-3a 沖洗引擎蓋及擋風玻璃

圖 7-3b 沖洗車頂

圖 7-3c 沖洗車體右側及玻璃

圖 7-3d 沖洗車體後側及玻璃

圖 7-3e 沖洗擋泥板及車輪凹緣處

圖 7-3f 沖洗車頂

圖 7-3g　沖洗車體左側及玻璃

圖 7-3h　沖洗後車廂及玻璃

4. 噴泡沫清潔劑(圖 7-4a、b)

圖 7-4a　全車噴泡沫清潔劑

圖 7-4b　全車噴泡沫清潔劑

5. 用海綿刷洗車體上部(污染較小先刷洗，圖 7-5a~d)

圖 7-5a　海綿刷洗車體右側

圖 7-5b　海綿刷洗車體後側

圖 7-5c　海綿刷洗車體左側

圖 7-5d　海綿刷洗車體前側

6. 用海綿刷洗車體下部(污染較大，最後刷洗，圖 7-6a~d)

圖 7-6a　刷洗車體右側下部及鋼圈

圖 7-6b　刷洗車體前側下部

圖 7-6c　刷洗車體後側下部及左後鋼圈

圖 7-6d　刷洗車體左側下部及左前鋼圈

7. 用高壓水柱沖洗全車(圖 7-7a~f)

圖 7-7a　水柱沖洗引擎蓋及前擋風玻璃

圖 7-7b　水柱沖洗車頂

圖 7-7c　水柱沖洗車體左側及玻璃

圖 7-7d　水柱沖洗車體後側及玻璃

圖 7-7e　水柱沖洗車體右前側及玻璃

圖 7-7f　水柱沖洗右後側及玻璃

8. 用布擦拭車體之水分及全車跑黏土(圖 7-8a~d)

圖 7-8a　擦拭車體前側及兩側之水分

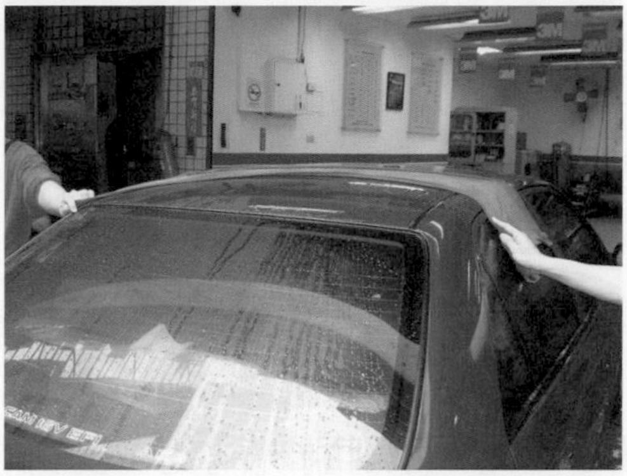

圖 7-8b　擦拭車頂及兩側之水分

圖 7-8c　擦拭車體後側及兩側之水分

圖 7-8d　全車跑黏土，去除鐵粉或顆粒污染物

9. 用牙刷刷洗清不到的縫隙及鋼圈縫隙(圖 7-9a~d)

圖 7-9a　牙刷刷洗擋風玻璃封條的縫隙

圖 7-9b　牙刷刷洗兩側邊視鏡的縫隙

圖 7-9c　牙刷刷洗兩側車身飾條的縫隙

圖 7-9d　牙刷刷洗全車擋泥板及鋼圈的縫隙

10.用高壓水柱由上而下、近而遠沖洗全車(圖 7-10a、b)

圖 7-10a　高壓水柱將全車沖洗乾淨

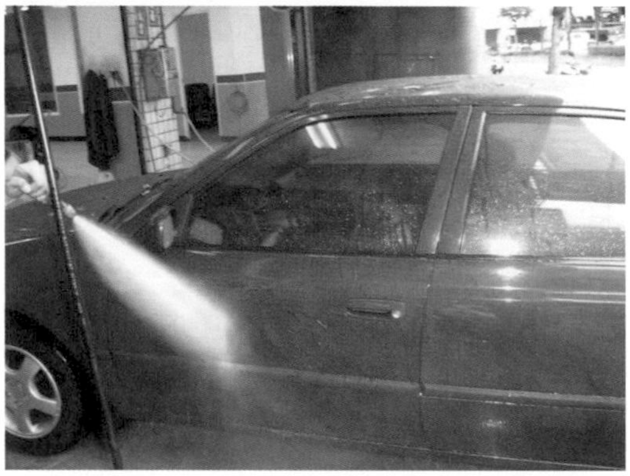

圖 7-10b　高壓水柱將全車沖洗乾淨

(1) 用布將車身擦乾(圖 7-10-1a~d)

圖 7-10-1a　將車體前側擦乾

圖 7-10-1b　將右車頂及車體右側擦乾

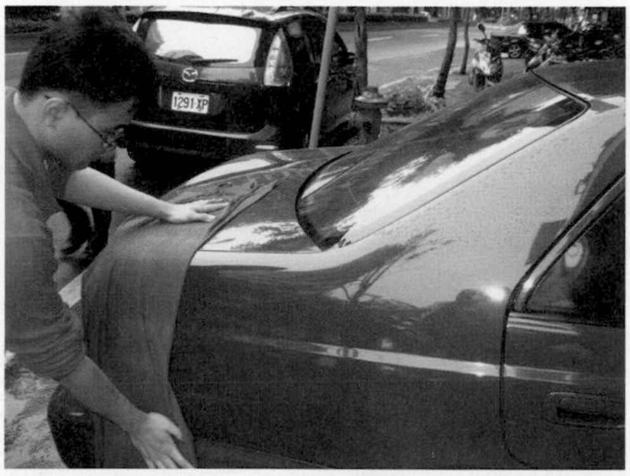

圖 7-10-1c　將車體後側擦乾

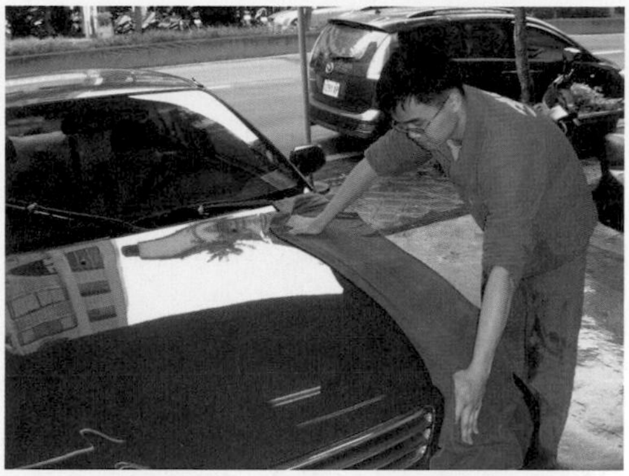

圖 7-10-1d　將左車頂及車體左側擦乾

二、室內清潔流程

1. 取出地毯處理(圖 7-11a~f)

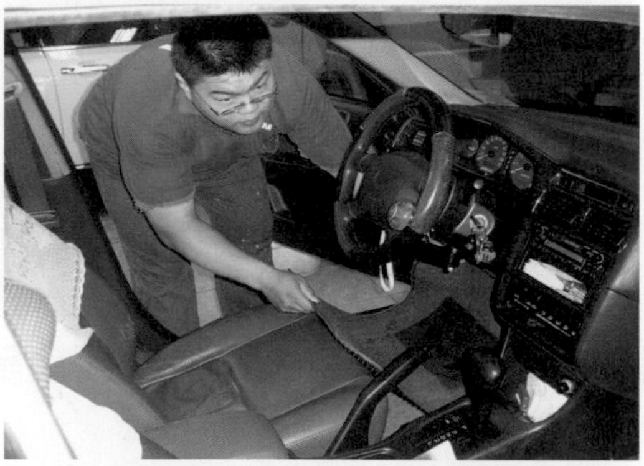

圖 7-11a　取出全車地毯

圖 7-11b　噴清潔劑

圖 7-11c　高壓水柱沖洗乾淨

圖 7-11d　地毯放入洗衣機脫水

圖 7-11e　地毯放入洗衣機脫水

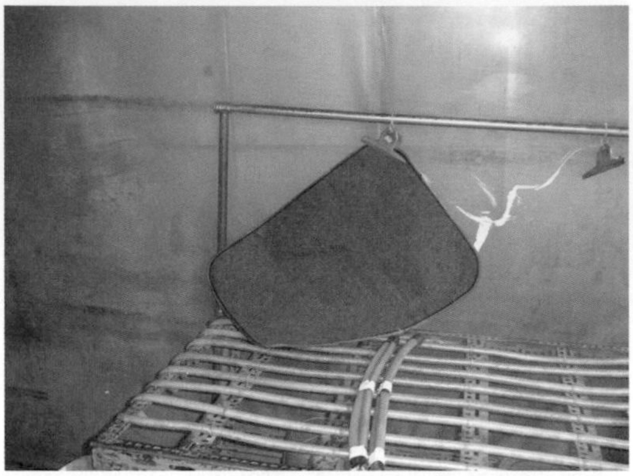

圖 7-11f　地毯在通風處晾乾或陽光下曬乾

(1) 空氣鎗將室內縫隙灰塵吹出(圖 7-11-1a~d)

圖 7-11-1a　空氣鎗將前座縫隙灰塵吹出

圖 7-11-1b　空氣鎗將儀表板縫隙灰塵吹出

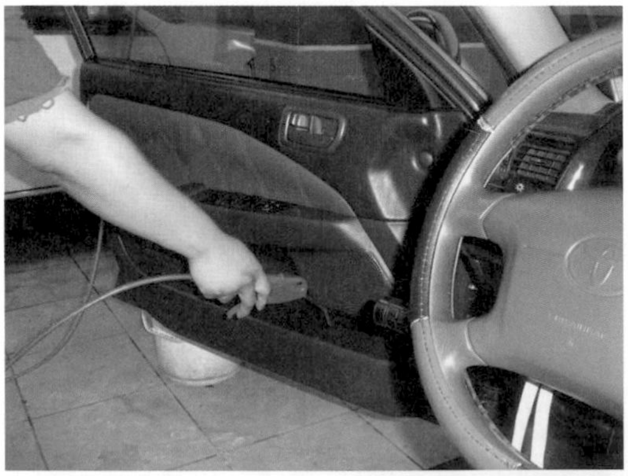

圖 7-11-1c　空氣鎗將車門內裝縫隙灰塵吹出

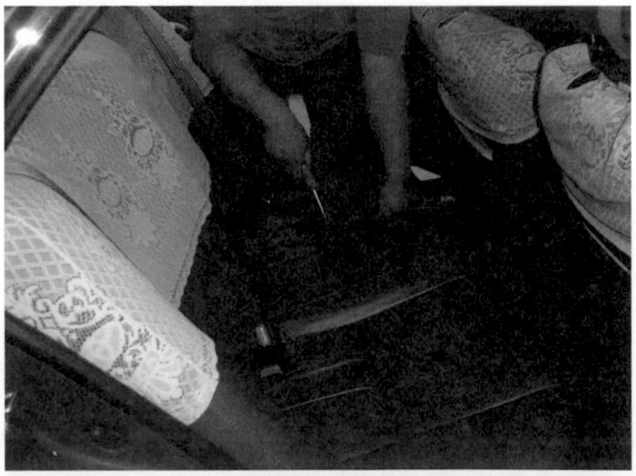

圖 7-11-1d　空氣鎗將後座縫隙灰塵吹出

2. 吸塵器吸塵(圖 7-12a~d)

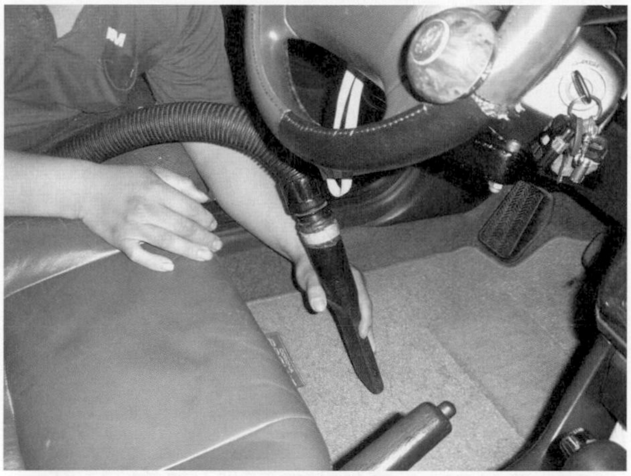

圖 7-12a　吸除前座椅及地板灰塵

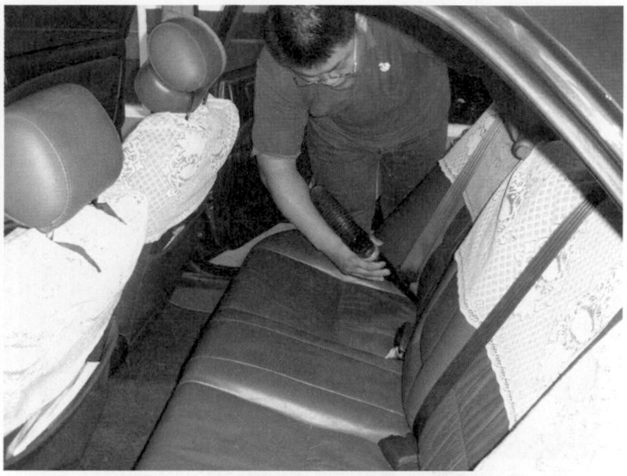

圖 7-12b　吸除後座椅及地板灰塵

圖 7-12c　吸除後行李廂灰塵

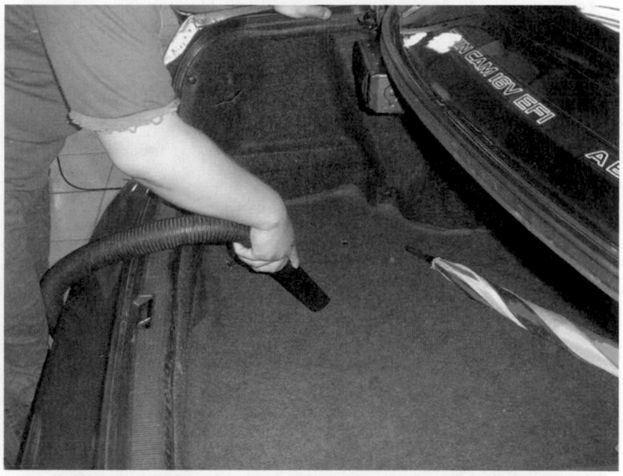

圖 7-12d　吸除後行李廂灰塵

3. 內裝上皮革油(圖 7-13a~f)

圖 7-13a　噴皮革油在擦拭布上

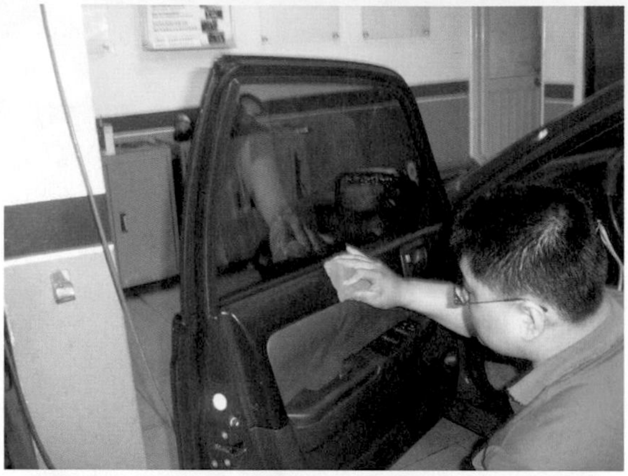

圖 7-13b　擦拭左車門內裝皮革

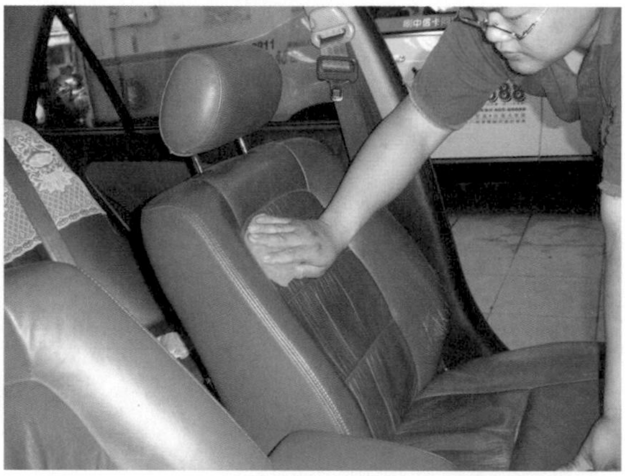

圖 7-13c　左前座椅上皮革油

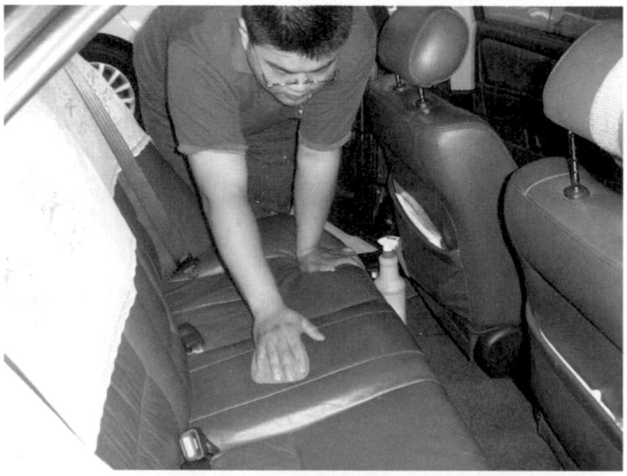

圖 7-13d　後座椅上皮革油

圖 7-13e　右車門內裝上皮革油

圖 7-13f　右前座椅上皮革油

4. 用蠟布擦拭核桃木及塑膠飾件(圖 7-14a~d)

圖 7-14a　蠟布擦拭核桃木方向盤

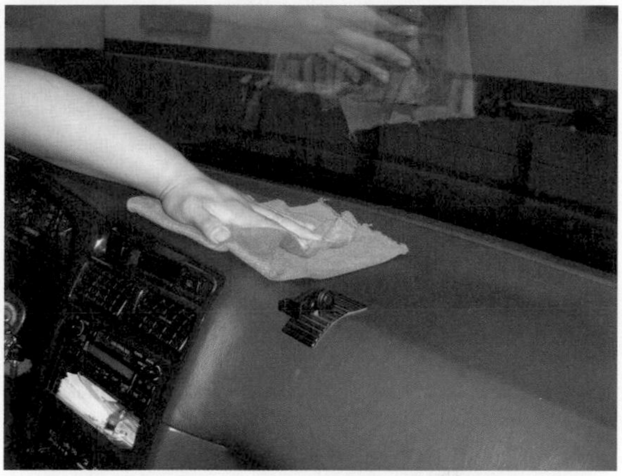

圖 7-14b　蠟布擦拭儀表板

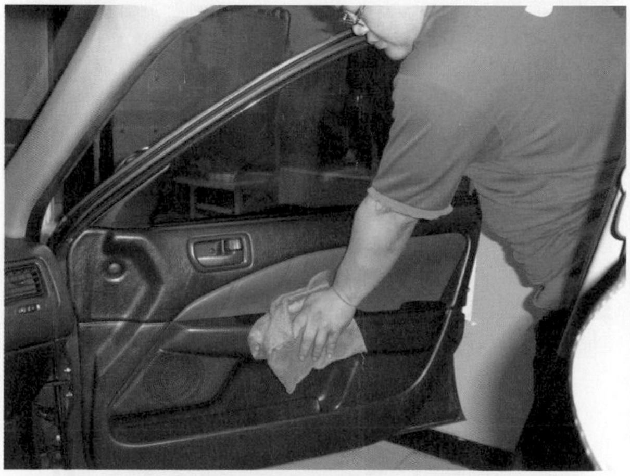

圖 7-14c　蠟布擦拭車門內裝塑膠飾件

圖 7-14d　蠟布擦拭音響面板

5. 空氣鎗吹乾車身縫隙內的水分(圖 7-15a~f)

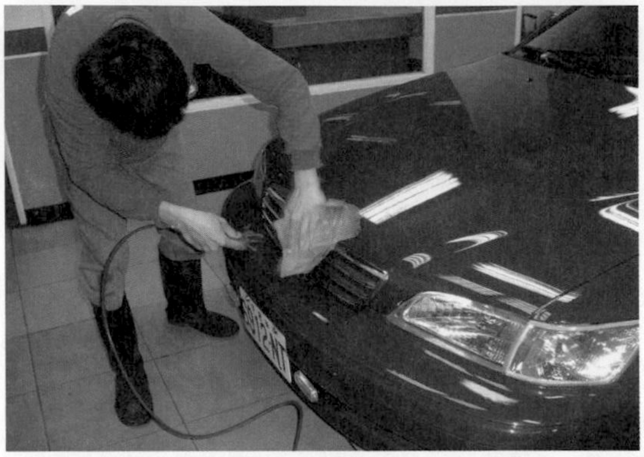

圖 7-15a　吹除引擎蓋細縫的水分

圖 7-15b　吹除車門把手細縫的水分

圖 7-15c　吹除右車門飾條細縫的水分

圖 7-15d　吹除後行李廂蓋細縫的水分

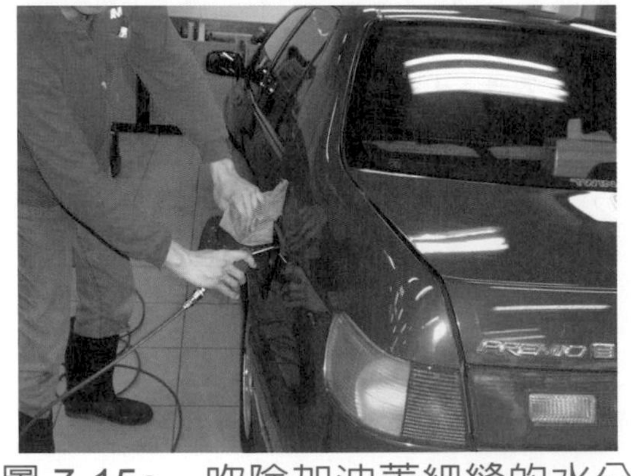

圖 7-15e　吹除加油蓋細縫的水分

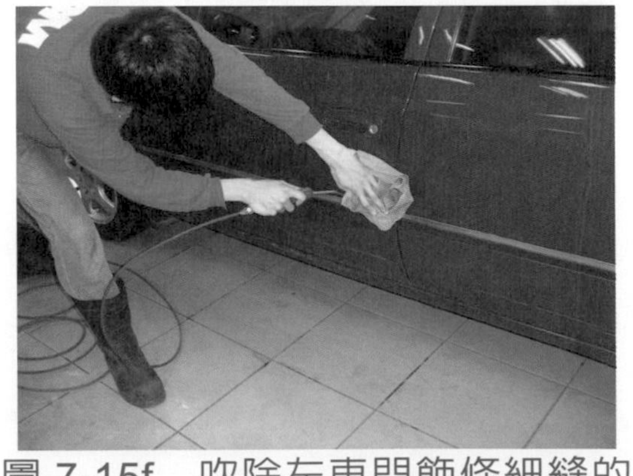

圖 7-15f　吹除左車門飾條細縫的水分

6. 用布擦拭門框(圖 7-16a~f)

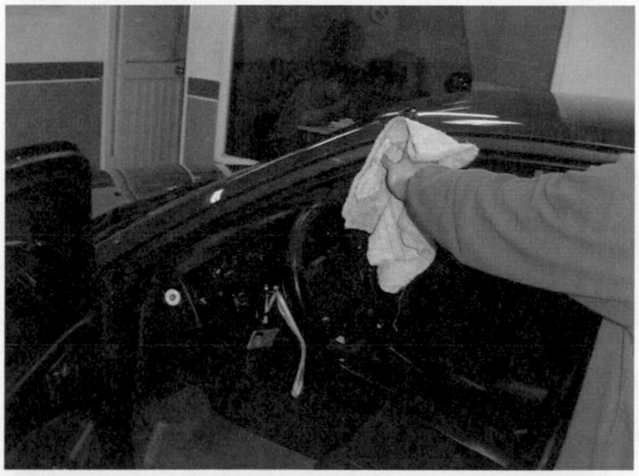

圖 7-16a　用布擦拭左門框及車門

圖 7-16b　用布擦拭左門框及車門

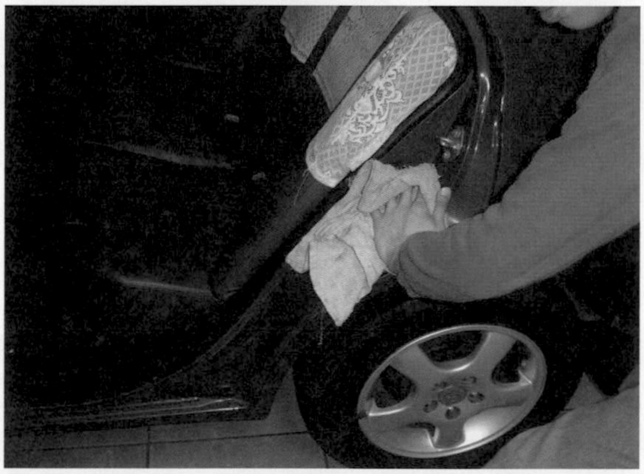

圖 7-16c　用布擦拭左後門框及車門

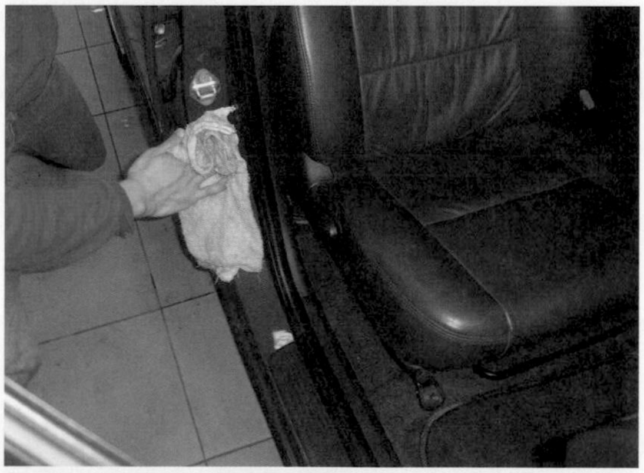

圖 7-16d　用布擦拭右門框及車門

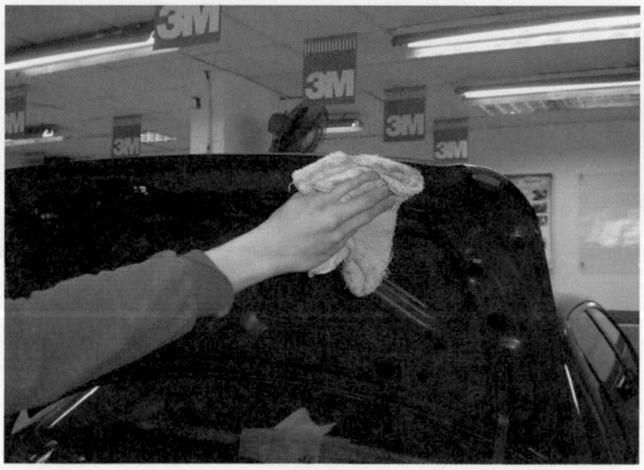

圖 7-16e　用布擦拭行李廂車蓋

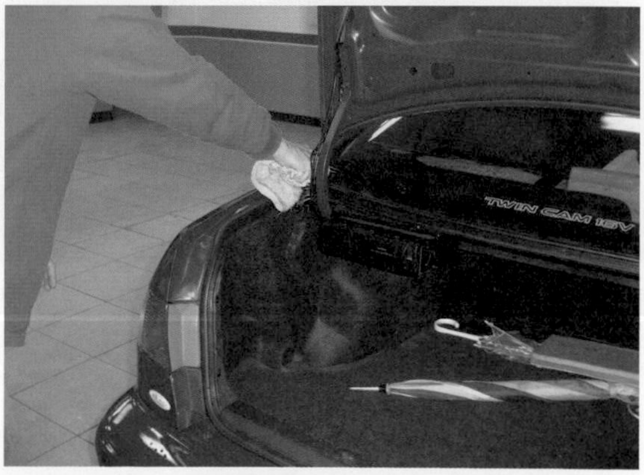

圖 7-16f　用布擦拭行李廂車蓋門框

三、打美容蠟流程

1. 打美容蠟(圖 7-17a~l)

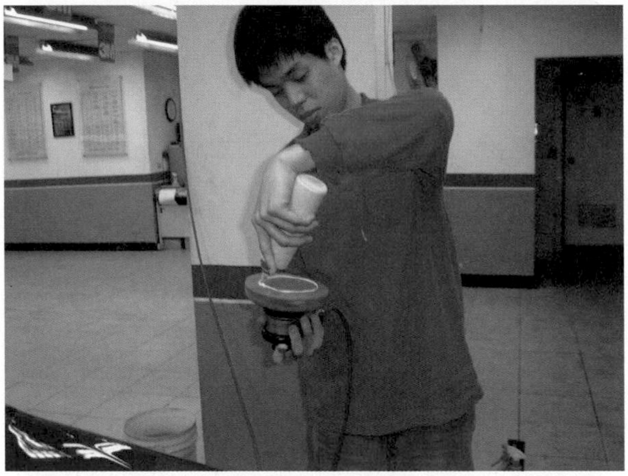

圖 7-17a　將美容蠟倒在海綿輪上

圖 7-17b　海綿輪在引擎蓋上不斷地前進左右移動打蠟

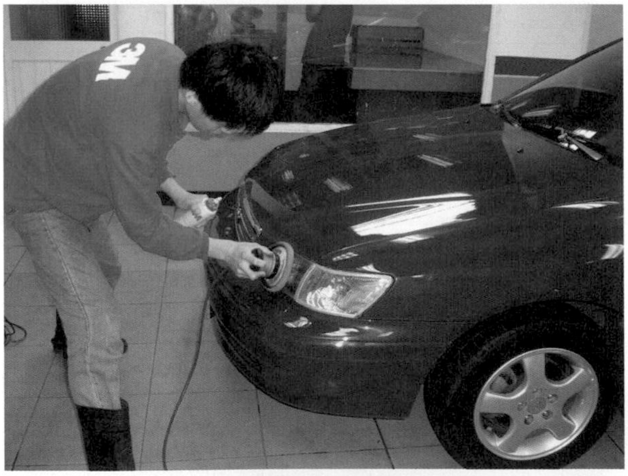

圖 7-17c　海綿輪在葉子板及燈罩上打蠟

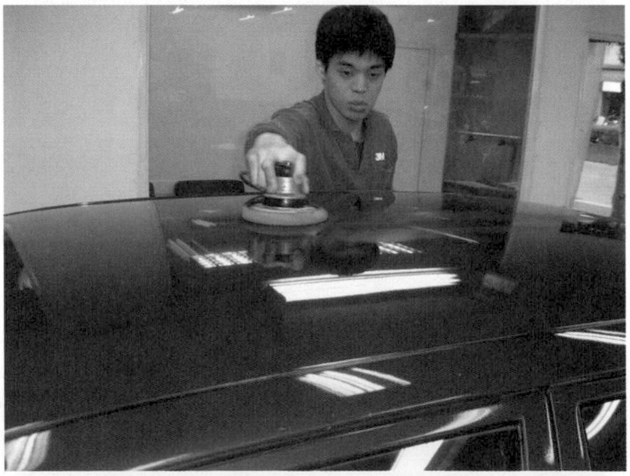

圖 7-17d　海綿輪在右側車頂上不斷地前進左右移動打蠟

圖 7-17e　右側車門打美容蠟

圖 7-17f　右側後方葉子板打美容蠟

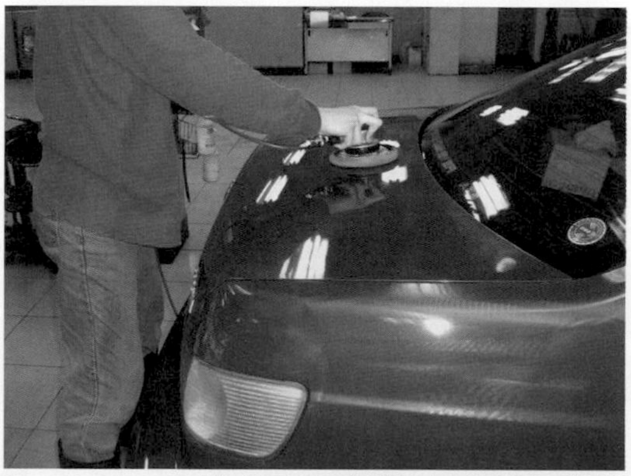
圖 7-17g　後行李廂蓋上打美容蠟

圖 7-17h　後行李廂蓋及保險桿上打美容蠟

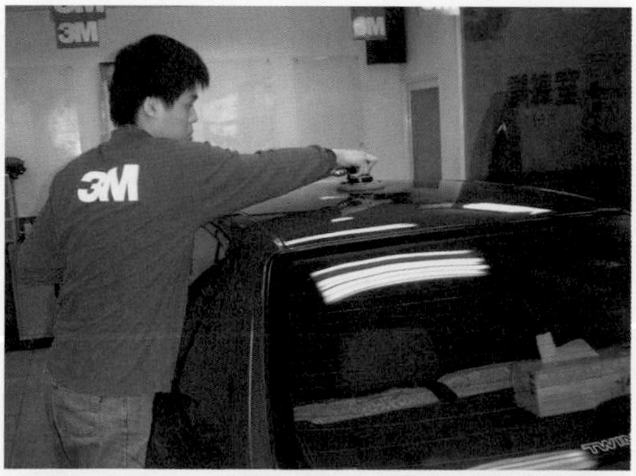

圖 7-17i　左側車頂打美容蠟

圖 7-17j　左側後葉子板打美容蠟

圖 7-17k　左側車門打美容蠟

圖 7-17l　左側車門及葉子板打美容蠟

2. 去蠟(海綿輪套上布套，去除多餘的蠟，圖 7-18a~f)

圖 7-18a　海綿布輪在引擎蓋及葉子板上去蠟

圖 7-18b　布輪在右側車頂上去蠟

圖 7-18c　布輪在右側車門上去蠟

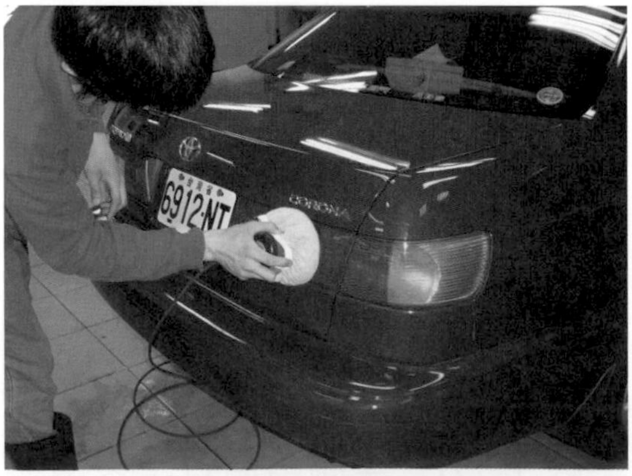

圖 7-18d　布輪在後行李廂蓋上去蠟

圖 7-18e　布輪在左側車頂上去蠟

圖 7-18f　布輪在左側車門及葉子板上去蠟

3. 撿蠟(用蠟布擦除縫隙或小空間多餘的蠟，圖 7-19a~f)

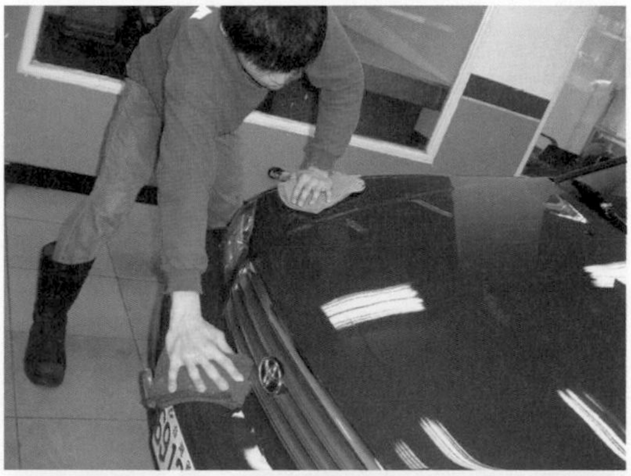

圖 7-19a　蠟布擦除引擎蓋及保險桿縫隙多餘的蠟

圖 7-19b　蠟布擦除右側車頂縫隙多餘的蠟

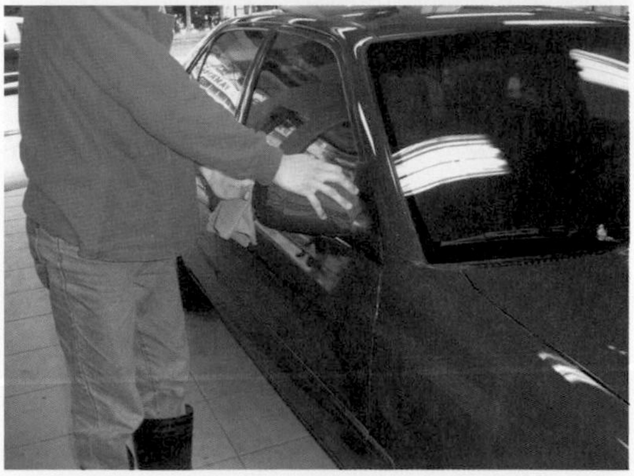

圖 7-19c　蠟布擦除右側車門及邊視鏡縫隙多餘的蠟

圖 7-19d　蠟布擦除後行李廂蓋縫隙多餘的蠟

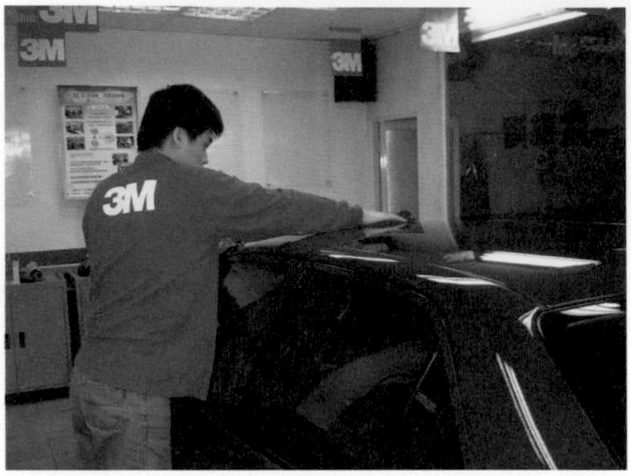

圖 7-19e　蠟布擦除左側車頂縫隙多餘的蠟

圖 7-19f　蠟布擦除左側車門及邊視鏡縫隙多餘的蠟

四、玻璃清潔、輪胎及飾件保養流程

1. 清潔玻璃(用玻璃清潔布及玻璃清潔劑擦拭玻璃，圖 7-20a~j)

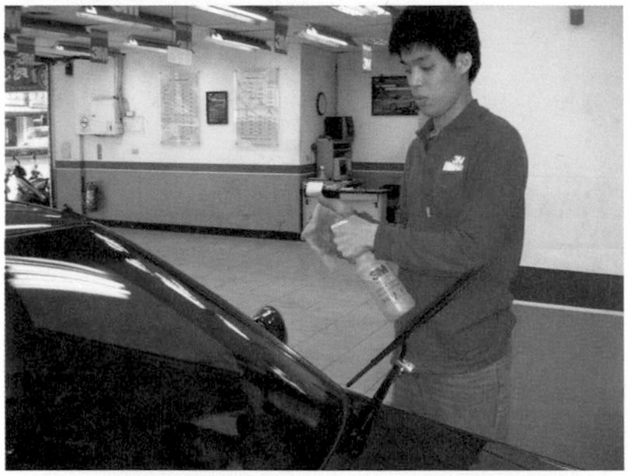

圖 7-20a　將玻璃清潔劑噴在清潔布上

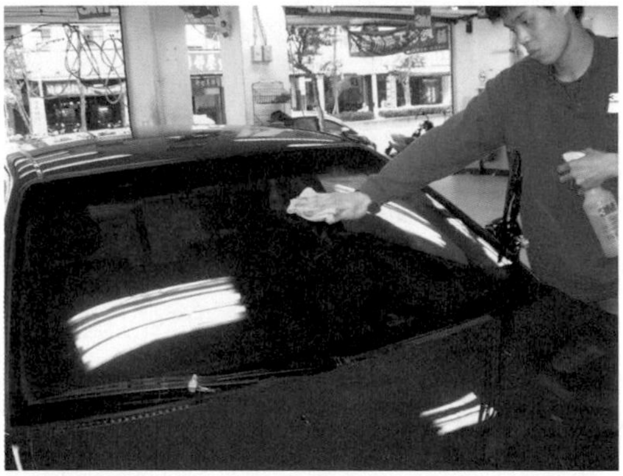

圖 7-20b　用清潔劑擦拭前擋風玻璃

圖 7-20c　用清潔劑擦拭右側玻璃

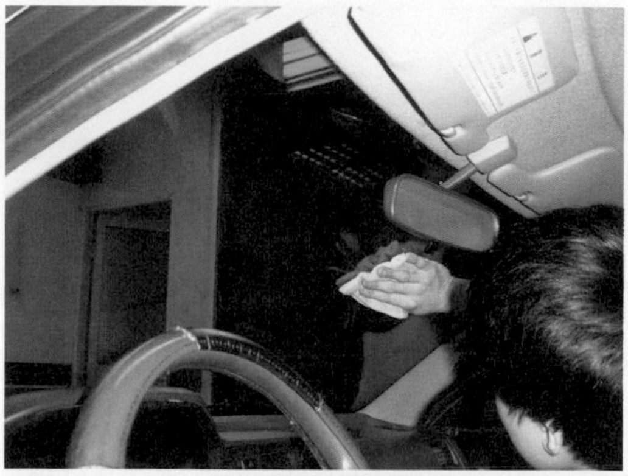

圖 7-20d　用清潔劑擦拭室內右前擋風玻璃

圖 7-20e　用清潔劑擦拭室內玻璃

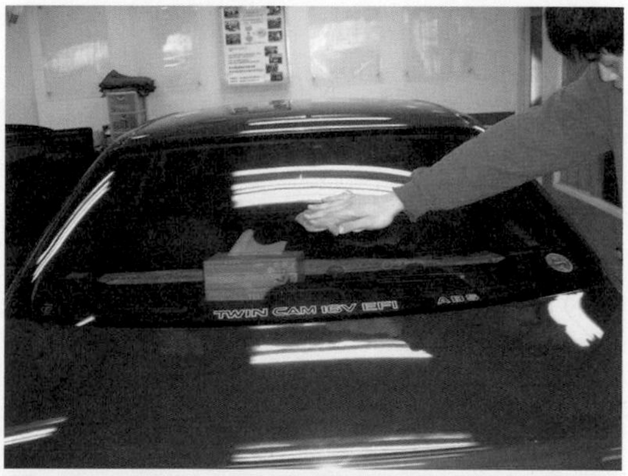

圖 7-20f　用清潔劑擦拭後擋風玻璃

圖 7-20g　用清潔劑擦拭室內後擋風玻璃

圖 7-20h　用清潔劑擦拭室內左前擋風玻璃

圖 7-20i　用清潔劑擦拭左前室內玻璃

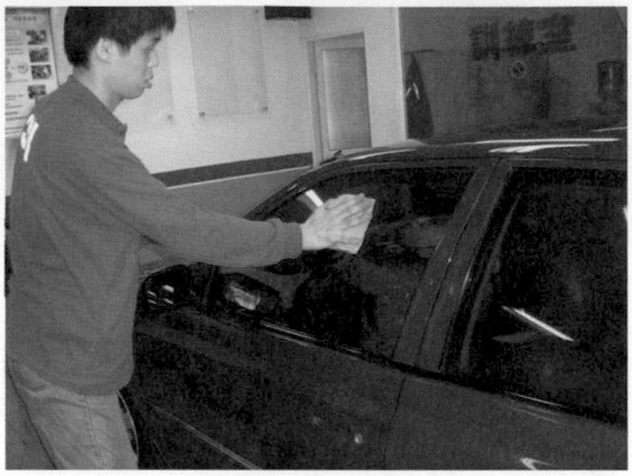

圖 7-20j　用清潔劑擦拭左側玻璃及邊視鏡玻璃

2. 輪胎及飾件保養(圖 7-21a~h)

圖 7-21a　用布擦除輪胎、鋼圈及擋泥板上的水分

圖 7-21b　輪胎塗上保護油

圖 7-21c　用布擦除鋼圈上的輪胎油

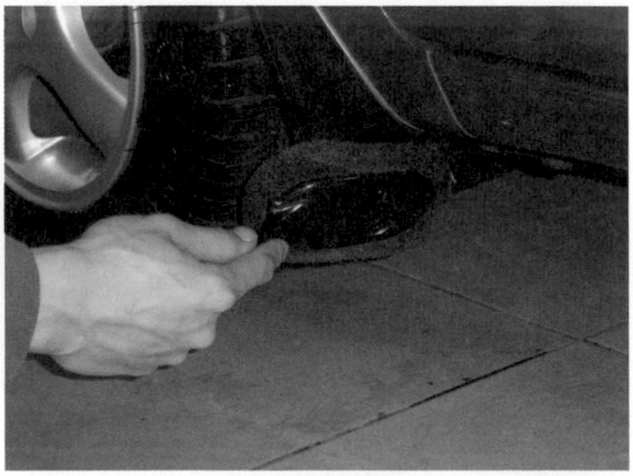

圖 7-21d　擋泥板塗上保護油

圖 7-21e　擦除其他輪胎的水分後，塗上保護油

圖 7-21f　擦除其他擋泥板的水分後，塗上保護油

圖 7-21g　右側車門飾條塗上亮光保護油

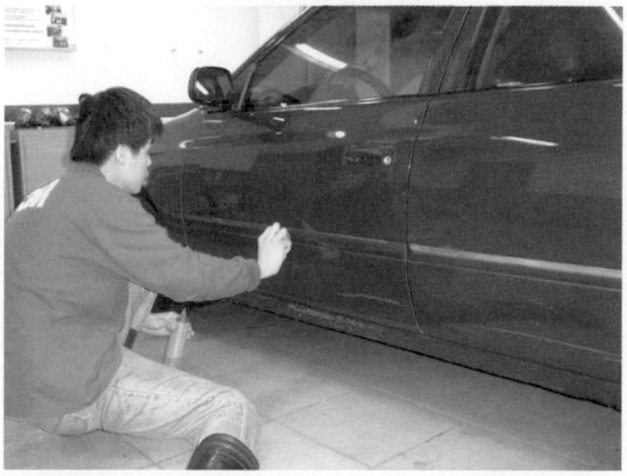

圖 7-21h　左側車門飾條塗上亮光保護油

3. 鋪地毯(圖 7-22a、b)

圖 7-22a　地板鋪上報紙

圖 7-22b　將全部未完全晾乾的地毯鋪回車內地板上

4. 完工(圖 7-23a、b)

圖 7-23a 做完美容後，全車光亮如新

圖 7-23b 做完美容後，全車光亮如新

第 8 章

汽車美容問題漫談

汽車美容界有一句名言是這樣說的：「有車的人知道要洗車；愛車的人知道要打蠟；懂車的人知道要做美容。」汽車美容所處理的範圍約 0.6mm 左右薄薄的那一層金油層而已，施工是由一些小技巧串聯而成，因此對美容知識及技能要充分瞭解，才不會造成“失之毫釐，差之千里”的遺憾。

經過前面幾章介紹後，相信讀者對汽車美容已有整體概念及心得。本章所探討的問題，大部分是由美容界的先進或專業的工程師所提供，針對美容所涉及的問題，採條列問答方式，做深入淺出的解說，希望能帶給讀者更大的收穫。

Q：如何避免漆面被刮或被擦傷？

A：(1) 避免停車在妨礙他人車輛或行人進出的位置。
(2) 停在狹窄巷內時，應衡量他車是否可通過，若後視鏡可摺疊式的最好摺起來。
(3) 並排車時，選擇與新車或高級車為鄰，在隔壁車之駕駛側應留較大間距。
(4) 停在明顯的地方，最好是自己視線所及的位置，避免停在太靠近馬路轉彎處。
(5) 在狹窄巷內或路面會車時，找較寬廣的地方停下來，讓對方先行通過。
(6) 夜間應停在較顯眼的地方。
(7) 避免與輪胎沾滿泥沙的車輛或砂石車同行，若無法避免時應保持一大距離，以免砂石飛濺損傷漆面或玻璃。
(8) 開車門應小心開啓，並注意後方是否有來車或行人。
(9) 風雨天不要停在會有物件掉落處。

Q：車子不應停放的場所？

A：(1) 樹陰下：炎炎夏天，樹陰下非常涼爽，樹分泌樹汁十分旺盛，樹脂黏結力很強，滴在漆面上，處理起來非常費時費力(陰雨天也不適宜停放，否則落葉殘枝掉滿車身，傷害更大)。當然還有鳥糞掉落車身之問題，鳥糞含有酸性物質，會侵蝕漆面而且不美觀(如圖 8-1、8-2)。

圖 8-1　樹蔭下是汽車停放的危險區域

圖 8-2　車頂已受鳥屎及樹汁污染

(2) 在建築工地附近或馬路旁。車身會布滿灰塵及水泥。
(3) 噴漆施工處所附近。漆中溶劑會溶解漆面，影響漆面光澤。
(4) 停在路面施工或鋪柏油之路旁。黏答答的柏油粘在漆面上，影響美觀及傷害漆面。
(5) 停在鐵路旁、鐵工廠或電焊施工處所附近。造成鐵粉沾粘在漆面上，鐵粉在太陽下受熱而產生高溫，高溫鐵粉會融入漆面，破壞漆面而產生生鏽之問題。
(6) 停在泥土或潮濕的地方(雨天更要避免，以免隔天要開車時，車子陷入泥濘之中)。最好停在水泥或柏油路面上，避免水氣進入車內，且泥土中含有矽酸會使車體生鏽。

Q：新車室內之異味應如何處理？

A：室內之皮椅、塑膠、橡膠及合成材料製品，在製造過程均含化學溶劑，新車室內含有各類高濃度之溶劑，吸入這些高濃度溶劑，有礙健康。新車期間應多打開窗戶讓異味散出，或開車前把送風量開到最大，打開窗戶沖淡異味，減少對人體之傷害。

Q：室內之霉味應如何處理？

A：水分加上高溫，讓霉菌有大量繁殖的機會，因此車內會有一股濃濃的霉味。有些車主使用芳香劑去"蓋過"異味，但沒有真正消除異味。原則上使用這類產品時，要購買知名廠商所製造的產品較有保障，否則這些化學芳香劑還是少用為宜。可以使用天然材料來處理，如泡過的咖啡渣或茶葉、烤焦的土司麵包、木炭均有“吸收”異味之功效，或使用天然水果香味去“蓋過”異味，也是一種不錯的方法。

Q：漆面有損傷如何修護？

A：基本上漆面的損傷區分為二

1. 漆的表層(指未傷及透明漆層之下)刮傷如蜘蛛網狀、洗車痕、劃痕、砂紙磨痕....等。

   專業的施工手法流程如下：

   (1) 選用 2000~3000 號的水砂紙，水磨平傷痕達平光現象。

   (2) 選用中目蠟＋電動打蠟機處理。

   (3) 用細蠟處理，使漆面達光亮為止。

2. 劃破透明漆層(見色漆層)或見金屬板

   (1) 大面積之刮痕：唯一修補途徑是進噴漆廠修護補漆。

   (2) 小刮痕：如果已經傷到金屬板且已生鏽，要先做好除鏽清潔工作。用小毛筆或牙籤沾原廠漆薄薄塗在刮痕處，等修補漆乾涸後，再薄薄塗上第二道修補漆，重覆上述動作，直到修補漆面比周圍高時為止，最後依序用粗蠟、中蠟、細蠟把修補面拋亮為止。

Q：專業美容蠟與平常保養蠟是否相同？如何選擇適合的蠟品？

A：二者基本上使用於漆面的外表，做美化、保護、光亮等功能皆相同。

保養蠟依成分區分為：樹脂、釉、鐵弗龍、矽...等系統，其好壞最大的差異是操作性是否簡易、對車身外表美化效果及金屬板的抗鏽與否。選擇以好抹、好擦、去污、光亮、持久、好洗為主。

Q：汽車打蠟後光滑與光亮是否同時存在？雨天車身的雨珠現象，是否表示蠟的保護性佳？

A：剛上完蠟的汽車是具有光亮與光滑的功效。美容蠟含具撥水效用的矽元素，雨水滴在車身易形成雨珠現象。光滑度愈持久並非愈好，含矽 silicon 成分過多，易造成矽滲透入金屬板，造成漆面穿孔使水分與雜質容易滲入，造成金屬鏽蝕現象。光滑感只是觸覺的效果並不具有保護功能。

Q：漆面沾染水泥如何處理？

A：處理方法：

(1) 戴上保護橡膠手套，噴水泥清洗劑。
(2) 用木刀或塑膠刀刮除水泥。
(3) 用清水沖洗乾淨。
註：要小心避免清潔藥劑傷及眼睛。

Q：雨刷片刮雨時會跳動應如何處理？

A：車輛排放的廢氣附著在玻璃上，造成乾澀現象，因此雨天雨刷刮水時，易造成跳動與白霧現象排除方法如下：

(1) 擦淨玻璃灰塵。
(2) 用玻璃刮刀或刀片刮掉玻璃表面的附著顆粒物。
(3) 選用玻璃清潔去污蠟＋棉紗球抹除玻璃上的殘留油膜。
(4) 雨刷刀口及車內玻璃同時擦拭清潔，達到清晰透明的效果。
註：雨刷臂轉軸螺絲鬆動亦可能會引起跳動現象。

Q：車輛高速行駛車門縫有哄哄聲應如何處理？

A：門縫的橡膠防水條長期受到陽光中的紫外線照射後，容易造成的老化現象，當車主又疏於保養下，新車在 2~3 年後，橡膠防水條即已失去柔軟度，造成高速行駛會有風切聲的情況出現。橡膠防水條應定期塗抹橡膠活化劑，以保持橡膠材質的彈性，減緩老化現象。

Q：汽車停放路邊不小心被施工的噴漆飛落附著應如何處理？

A：使用汽車美容用黏土處理，此種施工法不會損害漆的光澤。首先將車輛清洗乾淨後，用裝水的噴壺噴濕漆面，用黏土推磨漆面，以黏除漆塵污點。

Q：汽車於雨過天晴後，漆面有留下白點水痕如何處理？

A：漆的硬度不夠時較易造成此現象，特別是素色車系(表面無噴透明漆)漆面較軟，因此雨天過後殘餘的水珠經過太陽照射，水珠產生聚光作用而傷害到漆面，此現象俗稱雨斑。選用極細的#3000 水砂紙研磨傷害表面後，再依序用修護蠟拋光漆面即可。

Q：有廣告宣稱免用雨刷塗抹藥水，是否真的適用在汽車玻璃？

A：此種撥水藥劑適用於大雨的情況，一般使用於高速行駛的飛機或遊艇上，汽車的前擋風玻璃是不建議使用的。尤其在夜間行車，又下著毛毛雨的時候，玻璃窗的雨珠無法靠重力流下，雨刷無法完全刮掉水珠時，對向來車燈光投射到車輛玻璃時，小雨珠容易造成光的放射作用，影響行車安全。

Q：為什麼白色車在加油站用泡沫洗車還是洗不乾淨？需要粗蠟美白嗎？

A：多花點錢用手工洗車，才能清洗乾淨。除非漆面氧化或變黃才考慮施用。

Q：汽車的皮椅是真皮椅與合成皮椅(塑膠皮)如何分辨？如何保養皮椅？

A：從外表很難辨識皮椅的真假，可翻開底部觀察，如底面呈毛球狀即屬真皮；底面是海綿軟狀即屬假品(另外的分辨方式請參閱第四章第三節室內美容)。真皮椅半年要擦拭一次保養油，以活化皮質。

Q：車停放在樹下或電線桿下滴到鳥糞，應如何處理與防範？

A：帶酸性的鳥糞會侵蝕漆面。如果你的愛車不幸“中彈”時，應立即用濕紙巾擦除，最好再用清水沖洗乾淨。經常清潔愛車與上蠟保養，尤其是最外層須塗抹保護蠟，增強抵抗較強酸鹼成分的物質；另外儘量避開鳥蟲聚集的地方，以減少“中彈”的機會。

Q：奈米蠟與一般的美容蠟有何差別？

A：奈米蠟其成分與一般蠟相近，只是蠟的粒徑小到接近奈米等級。奈米蠟比一般蠟具有較好的疏水及自潔特性；但是漆面打上奈米蠟也會變髒、脫落及受熱蒸發等問題。亦即，使用奈米蠟有較好的效果，但並非如廣告說的那麼的神奇。

Q：「未來的車子」有沒有可能做到不需要打蠟？

A：如果奈米塗料能成功的被研發出來，那麼車子就不大需要塗上蠟來保護了。目前世界各大塗料製造廠都致力於研發奈米塗料，塗料若做到奈米級，漆面就不易變髒，即使漆面沾上髒污，同樣用水一沖就清潔溜溜。另外有些歐洲高級車玻璃在製造過程中，已塗上一層奈米鍍膜材料，因此玻璃不易變髒，即使玻璃上有一點髒污，用水一沖就乾淨。

Q：對於想要在汽車美容這個行業發展的讀者有何建議？

A：從事汽車美容這個行業的入門技術門檻並不高，其施工技巧也很容易學習。其中以施工的衛生習慣最為重要，因為汽車美容工作者常會接觸到許多化學藥品、揮發性有機溶劑及粉塵等污染物，但是知道及重視美容衛生問題的人並不多。一般汽車美容工作者常認為戴上防護口罩、護目鏡或手套不大方便施工，總認為使用化學藥品只要在空曠或通風環境下使用就沒關係；事實上，在使用這些化學藥劑時，施工者所處環境的化學藥劑濃度是相對高的，自己想一想，柏油清潔劑可以把柏油溶解，強酸與強鹼類的清潔劑可以把鋼圈或鋁圈上累積的鐵屑、鋁屑等金屬氧化物去除，脂類清潔劑可以清除重油污，水泥清除劑可以清除黏在面漆上的水泥……。如果不重視施工時的衛生習慣，長期會對身體造成很大的傷害。

國家圖書館出版品預行編目資料

汽車美容 / 巴白山等編著. -- 初版. -- 臺北縣土城市：全華圖書,民 99. 08

面 ； 公分

ISBN 978-957-21-7756-3 (平裝)

1.CST： 汽車維修

447.162 99013429

汽車美容

作者 / 巴白山、徐慧萍、林秀娟、洪健明、嚴展堂、陳爲展、陳志成、許文濃

發行人 / 陳本源

執行編輯 / 林昱先

出版者 / 全華圖書股份有限公司

郵政帳號 / 0100836-1 號

印刷者 / 宏懋打字印刷股份有限公司

圖書編號 / 06154

初版七刷 / 2022 年 01 月

定價 / 新台幣 250 元

ISBN / 978-957-21-7756-3 (平裝)

全華圖書 / www.chwa.com.tw

全華網路書店 Open Tech / www.opentech.com.tw

若您對本書有任何問題，歡迎來信指導 book@chwa.com.tw

臺北總公司(北區營業處)
地址：23671 新北市土城區忠義路 21 號
電話：(02) 2262-5666
傳真：(02) 6637-3695、6637-3696

南區營業處
地址：80769 高雄市三民區應安街 12 號
電話：(07) 381-1377
傳真：(07) 862-5562

中區營業處
地址：40256 臺中市南區樹義一巷 26 號
電話：(04) 2261-A8485
傳真：(04) 3600-9806(高中職)
(04) 3601-8600(大專)